## 2.4.1

随学随练：制作平板电脑
屏幕图像（033 页）

## 3.5.1

随学随练：为广告艺术字制作描边效果（053 页）

**3.6** 扩展练习：制作漂流瓶（055 页）

## 4.1.1 随学随练：制作产品发布会背景图（058 页）

## 4.2.1

随学随练：制作魔法
书（063 页）

## 4.4.1

随学随练：制作耳机宣
传广告（074 页）

## 4.5.1

随学随练：制作景深效果（077 页）

## 4.6

扩展练习：制作戒指宣传海报（082 页）

## 5.5

扩展练习：调整广告原图色调（102 页）

## 6.1.1

随学随练：制作舞蹈招生广告（104 页）

6.2.1 随学随练：制作美甲店海报（108 页）

8.2.1 随学随练：制作鲜橙水果海报（152 页）

6.5 扩展练习：制作珠宝广告（131 页）

8.3.1

随学随练：在花朵中添加
图形（158 页）

# 9.3.1

随学随练：通过合成制作古镇文化图像（167 页）

## 12.2 制作恭贺新年灯箱广告（208 页）

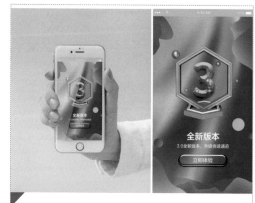

## 12.4 制作手机 App 版本升级界面（214 页）

## 10.1.1 随学随练：制作唯美光照图像（182 页）

# 11.1.1

随学随练：制作咖啡搅拌特效（192 页）

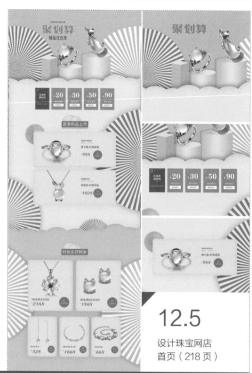

# 12.5

设计珠宝网店首页（218 页）

时代印象◎编著

人民邮电出版社
北京

**图书在版编目（CIP）数据**

24小时全速学会Photoshop 2021 / 时代印象编著
. -- 北京：人民邮电出版社，2021.6
ISBN 978-7-115-55462-8

Ⅰ. ①2… Ⅱ. ①时… Ⅲ. ①图像处理软件 Ⅳ.
①TP391.413

中国版本图书馆CIP数据核字(2021)第018982号

## 内 容 提 要

为了满足大众高效学习 Photoshop 的需求，本书总结了 Photoshop 的关键技术，并为读者提供了科学合理的指导学时，让读者可以在 24 小时内高效学会 Photoshop。每一类关键技术配有随学随练和扩展练习，可供读者巩固练习。同时，为了满足读者更高的学习要求，本书最后一章安排了综合练习，可以让读者学以致用。

本书附带学习资源，内容包括随学随练、扩展练习、综合练习的素材文件、实例文件和在线教学视频。读者可以通过在线方式获取这些资源，具体方法请参看本书前言。

本书适合想要迅速学会 Photoshop 关键技术的初学者，也适合作为相关院校或培训机构的教材。

- ◆ 编　著　时代印象
　　责任编辑　张丹丹
　　责任印制　马振武
- 人民邮电出版社出版发行　　北京市丰台区成寿寺路 11 号
　邮编　100164　　电子邮件　315@ptpress.com.cn
　网址　https://www.ptpress.com.cn
　临西县阅读时光印刷有限公司印刷
- ◆ 开本：700×1000　1/16
　印张：14　　　　　　　　彩插：2
　字数：334 千字　　　　　2021 年 6 月第 1 版
　印数：1 – 3 000 册　　　2021 年 6 月河北第 1 次印刷

定价：59.90 元

读者服务热线：(010)81055410　印装质量热线：(010)81055316
反盗版热线：(010)81055315
广告经营许可证：京东市监广登字 20170147 号

# 前言

Photoshop 是一款功能强大、使用方便的软件，广泛应用于各个领域。

为了让读者更快、更有效地掌握 Photoshop 2021 主要工具和命令的使用方法，本书合理安排知识点，运用简洁、流畅的语言，结合丰富、实用的实例，由浅入深地讲解了 Photoshop 2021 的功能和应用。

下面就本书的一些情况做简要介绍。

## 内容特色

**入门轻松**：本书从 Photoshop 的基础知识入手，逐一讲解了 Photoshop 的常用工具，力求让零基础的读者能轻松入门。

**由浅入深**：根据读者学习新技能的思维习惯，本书注重设计案例的难易顺序安排，尽可能把简单的案例放在前面，把复杂的案例放在后面，以便让读者学习起来更加轻松。

**学练结合**：本书第 2~11 章安排了随学随练，第 1~11 章安排了扩展练习，读者学完案例之后，可以继续做练习，以便加深对相关设计知识的理解和掌握。

## 版面结构

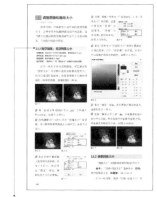

**随学随练**
主要是操作性较强又比较重要的知识点的实际操作小练习，便于读者快速掌握软件的相关功能。

**扩展练习**
针对该章某些重要内容进行巩固练习，加强读者独立完成设计的能力。

**实例、素材及视频**
列出了该案例的素材和实例文件在学习资源中的位置，以及视频的名称。

**综合练习**
综合练习相比"随学随练"更加完整，操作步骤略微复杂。

## 其他说明

本书附带学习资源，内容包括随学随练、扩展练习、综合练习的素材文件、实例文件和在线教学视频。扫描"资源获取"二维码，关注"数艺设"的微信公众号，即可得到资源文件获取方式。如需资源获取技术支持，请致函 szys@ptpress.com.cn。如果在学习的过程中遇到问题，欢迎您与我们交流，客服邮箱：press@iread360.com。

**资源获取**

编者

2020 年 12 月

# 资源与支持

本书由"数艺设"出品，"数艺设"社区平台（www.shuyishe.com）为您提供后续服务。

## 配套资源

◆ 实例文件：书中所有案例的源文件。

◆ 素材文件：书中所有案例的素材文件。

◆ 在线教学视频：书中所有案例的制作过程和细节讲解。

资源获取请扫码

"数艺设"社区平台，为艺术设计从业者提供专业的教育产品。

## 与我们联系

我们的联系邮箱是 szys@ptpress.com.cn。如果您对本书有任何疑问或建议，请您发邮件给我们，并请在邮件标题中注明本书书名及 ISBN，以便我们更高效地做出反馈。

如果您有兴趣出版图书、录制教学课程，或者参与技术审校等工作，可以发邮件给我们；有意出版图书的作者也可以到"数艺设"社区平台在线投稿（直接访问 www.shuyishe.com 即可）。如果学校、培训机构或企业想批量购买本书或"数艺设"出版的其他图书，也可以发邮件联系我们。

如果您在网上发现针对"数艺设"出品图书的各种形式的盗版行为，包括对图书全部或部分内容的非授权传播，请您将怀疑有侵权行为的链接通过邮件发给我们。您的这一举动是对作者权益的保护，也是我们持续为您提供有价值的内容的动力之源。

## 关于"数艺设"

人民邮电出版社有限公司旗下品牌"数艺设"，专注于专业艺术设计类图书出版，为艺术设计从业者提供专业的图书、U 书、课程等教育产品。出版领域涉及平面、三维、影视、摄影与后期等数字艺术门类，字体设计、品牌设计、色彩设计等设计理论与应用门类，UI 设计、电商设计、新媒体设计、游戏设计、交互设计、原型设计等互联网设计门类，环艺设计手绘、插画设计手绘、工业设计手绘等设计手绘门类。更多服务请访问"数艺设"社区平台 www.shuyishe.com。我们将提供及时、准确、专业的学习服务。

# 目录

# 第 3 章

# 第 4 章

# 第 9 章
## 蒙版 ⋯⋯⋯⋯⋯⋯⋯⋯⋯⋯ 165

# 第 10 章
## 通道 ⋯⋯⋯⋯⋯⋯⋯⋯⋯⋯ 181

# 第 11 章
## 滤镜 ·······191

# 第 12 章
## 综合练习 ·······205

第 1 章

# 学习 Photoshop
# 前的必修课

**本章导读**

本章主要介绍 Photoshop 的应用领域、Photoshop 的操
作界面、Photoshop 重要首选项的设置、文件的基本操作，
以及图像的相关知识等。通过学习本章内容，读者可以了解
软件的工作界面和相关设置，并掌握文件的基本操作方法。

**本章学习任务**

Photoshop 的应用领域

Photoshop 的操作界面

Photoshop 重要首选项的设置

文件的基本操作方法

图像的相关知识

# 1.1 Photoshop 的应用领域

★ 指导学时：4分钟

Photoshop是Adobe公司旗下的图像处理软件，其功能非常强大，应用领域也相当广泛。下面将介绍Photoshop的常见应用领域。

- **平面设计**：平面设计是Photoshop应用比较广泛的一个领域，无论是图书封面，还是在大街上看到的招贴和海报等，这些具有丰富图像的平面印刷品，基本上都需要使用Photoshop进行图像处理，如图1-1所示。

图1-1

- **照片处理**：Photoshop作为一款图像处理软件，具有相当强大的图像修饰功能。利用这些功能，可以快速去除数码照片的瑕疵，调整照片的色调或为照片添加装饰元素等，如图1-2所示。

- **网页设计**：随着人们对网页审美要求的提升，Photoshop就显得尤为重要了，使用它可以美化网页元素，如图1-3所示的快餐网站首页设计。

图1-2

图1-3

- **UI设计**：UI设计已经受到越来越多软件企业及开发者的重视，很多设计师使用Photoshop进行UI设计，如图1-4所示。

图1-4

- **文字设计**：千万不要忽视Photoshop在文字设计方面的应用，使用它可以制作出各种质感的特效文字，如图1-5所示。

图1-5

- **插画创作**：Photoshop中有一套优秀的绘画工具，使用Photoshop可以绘制各种各样的精美插画，如图1-6所示。

- **视觉创意**：视觉创意与设计是设计艺术的一个分支，此类设计通常没有非常明确的商业目的，但由于它为广大设计爱好者提供了无限的设计空间，因此，越来越多的设计爱好者开始注重视觉创意，并逐渐形成属于自己的一套创作风格，如图1-7所示。

图1-6          图1-7

- **三维设计**：Photoshop在三维设计中主要有两方面的应用，一是对效果图进行后期修饰，包括配景的搭配，以及色调的调整等，如图1-8所示；二是绘制精美的贴图，因为无论多好的三维模型，如果没有逼真的贴图附在模型上，也得不到好的渲染效果，如图1-9所示。

图1-8          图1-9

> 💡 **小提示**
>
> 贴图是三维软件中用于制作材质的图片，是一个专业术语。贴图主要用于表现物体材质的纹理和凹凸等效果。

## 1.2 Photoshop 的操作界面

★ 指导学时：15分钟

　　随着Photoshop版本的不断升级，其操作界面布局也更合理和人性化。启动Photoshop 2021，其操作界面如图1-10所示，可以看到，这个界面主要由菜单栏、选项栏、工具箱、状态栏、文档窗口，以及功能丰富的面板组成。

图 1-10

### 1.2.1 菜单栏

　　Photoshop 2021的菜单栏中包含11组主菜单，分别是文件、编辑、图像、图层、文字、选择、滤镜、3D、视图、窗口和帮助，如图1-11所示。单击相应的主菜单，即可打开该菜单，如图1-12所示。

文件(F)　编辑(E)　图像(I)　图层(L)　文字(Y)　选择(S)　滤镜(T)　3D(D)　视图(V)　窗口(W)　帮助(H)

图 1-11

图 1-12

### 1.2.2 文档窗口

　　文档窗口是显示与编辑图像的地方。文档窗口默认以选项卡的方式显示，选项卡中会显示这个文件的名称、格式、窗口缩放比例和颜色模式等信息，如图1-13所示。如果打开了多张图像，则单击一个文档窗口的选项卡即可将其设置为当前工作窗口。

图 1-13

> 💡 小提示
>
> 在默认情况下，打开的所有文件都会停放为选项卡紧挨在一起。按住鼠标左键拖曳文档窗口的选项卡，可以将其设置为浮动窗口，如图1-14所示；按住鼠标左键将浮动文档窗口的标题栏拖曳到选项卡栏，文档窗口会停放为选项卡，如图1-15所示。

图 1-14

图 1-15

## 1.2.3 工具箱

工具箱中集合了Photoshop 2021的大部分工具，这些工具分别是选择工具、裁剪与切片工具、图框工具、吸管与测量工具、修饰工具、绘画工具、路径与矢量工具、文字工具和导航工具，外加一组设置前景色和背景色的图标与切换模式图标，还有一个特殊工具"以快速蒙版模式编辑" 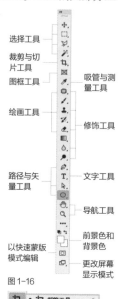，如图1-16所示。单击一个工具，即可选择该工具。如果工具的右下角带有三角形图标，表示这是一个工具组，在工具上单击鼠标右键即可弹出隐藏的工具，如图1-17所示。

图1-16

选择工具
裁剪与切片工具
图框工具
绘画工具
路径与矢量工具
以快速蒙版模式编辑

吸管与测量工具
修饰工具
文字工具
导航工具
前景色和背景色
更改屏幕显示模式

图1-17

> 💡 小提示
>
> 工具箱可以显示为单列与双列，单击工具箱顶部的展开 » 图标，可以将其展开为双列，如图1-18所示，同时展开 » 图标会变成折叠 « 图标，再次单击，可以将其还原为单列。另外，可以将工具箱设置为浮动状态，方法是将鼠标指针放置在 图标上，然后按住鼠标左键拖曳（将工具箱拖曳到原处，可以将其还原为停靠状态）。 
>
> 图1-18

## 1.2.4 选项栏

选项栏主要用来设置工具的参数选项，不同工具的选项栏也不同。例如，当选择"移动工具"时，其选项栏会显示如图1-19所示的内容。

图1-19

## 1.2.5 状态栏

状态栏位于文档窗口的底部，显示当前文档的大小、文档尺寸、当前工具和窗口缩放比例等信息。单击状态栏中的三角形 图标，可设置要显示的内容，如图1-20所示。

图1-20

## 1.2.6 面板

Photoshop 2021一共有31个面板，这些面板主要用来配合图像的编辑、对操作进行控制、设置参数等。选择"窗口"菜单下的命令可以打开面板，如图1-21所示。例如，选择"窗口>颜色"菜单命令，使"颜色"命令处于勾选状态，就可以在工作界面中显示出"颜色"面板。

图1-21

### ◆ 1. 折叠/展开与关闭面板

在默认情况下，面板都处于展开状态，如图1-22所示。单击面板右上角的折叠 « 图标，可以将面板折叠，同时折叠《图标会变成展开》图标（单击该图标可以展开面板），如图1-23所示。单击关闭※按钮，可以关闭面板。

图1-22　　　　　　　　图1-23

> 💡 小提示
>
> 如果不小心关闭了某个面板，可以将其重新调出来。以"颜色"面板为例，如果将其关闭了，可以选择"窗口>颜色"菜单命令或按F6键重新将其调出来。

◆ 2. 拆分面板

　　默认情况下，面板以面板组的方式显示在工作界面中，如"图层"面板、"通道"面板和"路径"面板就是组合在一起的，如图1-24所示。如果要使其中某个面板成为一个单独的面板，可以将鼠标指针放置在面板名称上，然后按住鼠标左键拖曳面板，将其拖曳出面板组，如图1-25和图1-26所示。

图1-24

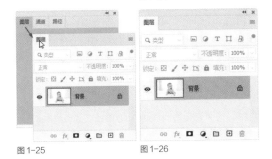

图1-25　　　　　　图1-26

◆ 3. 组合面板

　　如果要将一个单独的面板与其他面板组合在一起，可以将鼠标指针放置在该面板的名称上，然后按住鼠标左键将其拖曳到要组合的面

板名称上，如图1-27和图1-28所示。

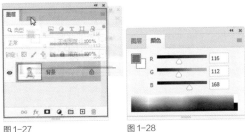

图1-27　　　　　　　图1-28

◆ 4. 打开面板菜单

　　每个面板的右上角都有一个≡图标，单击该图标可以打开该面板的菜单，如图1-29所示。

图1-29

## 1.3 设置 Photoshop 的重要首选项

★ 指导学时：5分钟

　　为了更好地使用Photoshop，提高软件的运行速度，需要对Photoshop的重要首选项进行设置。

**命令：** "编辑>首选项>常规"菜单命令
**作用：** 设置相应的首选项　**快捷键：** Ctrl+K

　　选择"编辑>首选项>常规"菜单命令或按快捷键Ctrl+K，可以打开"首选项"对话框，如图1-30所示。在该对话框中，可以修改Photoshop的常规设置、界面、文件处理、性能、光标、透明度与色域等。设置好首选项以后，每次启动Photoshop都会按照这个设置来运行。下面只介绍在实际工作中比较常用的一些首选项设置。

图1-30

## 1.3.1 设置界面的颜色

打开Photoshop 2021，界面默认显示颜色为接近黑色的灰色，如图1-31所示。如果要将其设置为其他颜色，可以在"首选项"对话框中单击"界面"选项，切换到"界面"面板，然后在"颜色方案"中选择相应的颜色即可，如图1-32所示。

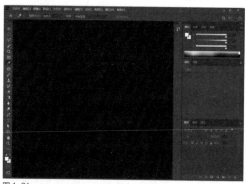

图1-31

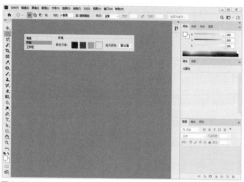

图1-32

## 1.3.2 设置自动存储功能

Photoshop 2021拥有一个很人性化的自动存储功能，利用该功能可以按设置的时间间隔对当前处理的文件进行自动存储。在"首选项"对话框左侧单击"文件处理"选项，切换到"文件处理"面板，默认的"自动存储恢复信息的间隔"为10分钟，如图1-33所示，也就是说每隔10分钟，Photoshop会自动存储一次（不覆盖已经保存的文件），就算在意外断电的情况下也不会丢失当前处理的文件。

图1-33

## 1.3.3 设置历史记录次数

在默认情况下，Photoshop只记录当前操作的前50个步骤，如果想返回50步之前的步骤，就需要将历史记录状态数值设置得更大。在"首选项"对话框左侧单击"性能"选项，切换到"性能"面板，在"历史记录状态"选项中即可设置记录步骤数，如图1-34所示。

图1-34

> 💡 小提示
>
> 注意，"历史记录状态"的数值不宜设置得过大，否则会影响计算机的运行速度。

## 1.3.4 提高软件运行速度

随着计算机硬件的不断升级，Photoshop也开发出了开启图形处理器的功能，用于提高软件的运行速度。在"首选项"对话框左侧单击"性能"选项，切换到"性能"面板，勾选"使用图形处理器"选项，如图1-35所示，这样可以加速处理一些大型的图像和3D文件。如果不开启该功能，Photoshop的某些滤镜将不能用，如"自适应广角"滤镜。

图1-35

## 1.4 文件的基本操作

★ 指导学时：15分钟

文件的基本操作包括新建、打开、保存和关闭等。只有掌握了这些基本操作方法，才能在以后的工作当中得心应手。

### 1.4.1 新建文件

**命令：**"文件>新建"菜单命令　　**作用：**新建一个空白文件　　**快捷键：**Ctrl+N

在通常情况下，要处理一张已有的图像，只需要在Photoshop中将现有图像打开即可。但是如果要制作一张新图像，就需要在Photoshop中新建文件。选择"文件>新建"菜单命令或按快捷键Ctrl+N，打开"新建文档"对话框，如图1-36所示。

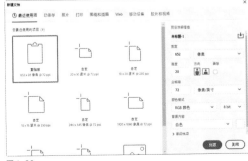

图1-36

在"新建文档"对话框顶部可以选择一些Photoshop内置的常用尺寸选项，如选择"照片"选项，即可在下方显示几种照片文件的规格，如图1-37所示。选择一种文件规格，单击对话框右下方的"创建"按钮即可新建一个图像文件。

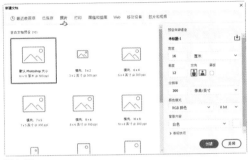

图1-37

**"新建文档"对话框选项介绍**

● ⬆️：在该图标左侧单击，可以设置文件的名称，默认情况下的文件名为"未标题-1"。单击该图标，可以保存设置好的尺寸和分辨率等参数的信息。

● **宽 度/高 度：**设置文件的宽度和高度，其单位有像素、英寸、厘米、毫米、点和派卡6种，如图1-38所示。

图1-38

● **分辨率：**用来设置文件的分辨率，其单位有像素/英寸和像素/厘米两种，如图1-39所示。在一般情况下，图像的分辨率越高，印刷出来的质量就越好。

图1-39

● **颜色模式：**设置文件的颜色模式及相应的颜色深度。颜色模式可以选择"位图""灰度""RGB颜色""CMYK颜色""Lab颜色"5种，如图1-40所示；颜色深度可以选择

"8bit" "16bit" "32bit"（当设置颜色模式为"位图"时，还可选择"1bit"），如图1-41所示。

图1-40          图1-41

- **背景内容**：设置文件的背景内容，有"白色""黑色""背景色""透明""自定义"选项，如图1-42所示。

图1-42

- **高级选项**：在"高级选项"区域中，用户可以对"颜色配置文件"和"像素长宽比"两个选项进行更专业的设置。

💡 小提示

如果设置"背景内容"为"白色"，那么新建文件的背景色就是白色；如果设置为"背景色"，那么新建文件的背景色就是Photoshop当前设置的背景色；如果设置为"透明"，那么文件的背景就是透明的，如图1-43所示。

图1-43

## 1.4.2 打开文件

前面介绍了新建文件的方法，如果需要对已有的图像文件进行编辑，那么就需要在Photoshop中将其打开才能进行操作。

### ◆ 1. 用"打开"命令打开文件

**命令**："文件>打开"菜单命令　**作用**：打开一个文件　**快捷键**：Ctrl+O

选择"文件>打开"菜单命令，在弹出的"打开"对话框中选择需要的文件，单击 打开(O) 按钮或双击文件，即可在Photoshop中打开该文件，如图1-44所示。

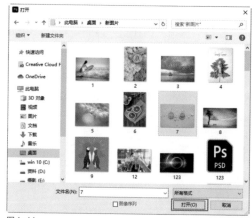

图1-44

💡 小提示

在打开文件时如果找不到需要的文件，可能有以下两个原因。
第1个：Photoshop不支持此文件格式。
第2个："文件类型"没有设置正确。例如，设置"文件类型"为JPEG格式，那么在"打开"对话框中就只能显示这种格式的图像文件；如果设置"文件类型"为"所有格式"，就可以查看当前目录下的所有文件。

### ◆ 2. 用快捷方式打开文件

利用快捷方式打开文件的方法主要有以下3种。

第1种：选择一个需要打开的文件，然后将其拖曳到Photoshop的快捷图标上，如图1-45所示。

图1-45

第2种：选择一个需要打开的文件，然后单击鼠标右键，在弹出的菜单中选择"打开方式>Adobe Photoshop 2021"命令，如图1-46所示。

图1-46

第3种：如果已经运行了Photoshop，可以直接将需要打开的文件拖曳到Photoshop的窗口中，如图1-47所示。

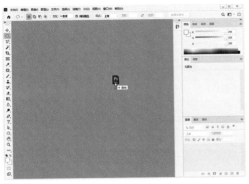

图 1-47

### 1.4.3 保存文件

编辑完图像以后，需要保存文件。如果不保存文件，就会前功尽弃。

◆ 1. 用"存储"命令保存文件

**命令：**"文件>存储"菜单命令　**作用：**存储文件　**快捷键：**Ctrl+S

将文件编辑完成以后，可以选择"文件>存储"菜单命令或按快捷键Ctrl+S保存文件如图1-48所示。存储时将保留对文件所做的更改，并且替换上一次保存的文件。

图 1-48

💡 小提示

如果是新建的一个文件，那么在选择"文件 > 存储"菜单命令时，Photoshop 会弹出"存储为"对话框。

◆ 2. 用"存储为"命令保存文件

**命令：**"文件>存储为"菜单命令　**作用：**另存文件　**快捷键：**Shift+Ctrl+S

如果需要将文件保存到另一个位置或使用另一文件名进行保存，可以选择"文件>存储为"菜单命令或按快捷键Shift+Ctrl+S，如图1-49所示。

图 1-49

使用"存储为"命令另存文件时，Photoshop会弹出"另存为"对话框，如图1-50所示。在该对话框中，可以设置文件名和保存格式等。

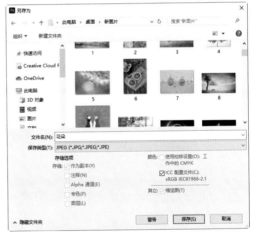

图 1-50

◆ 3. 文件保存格式

文件格式就是存储图像数据的方式，它决定了图像的压缩方法、支持何种Photoshop功能、文件是否与一些文件相兼容等。利用"存储"和"存储为"命令保存图像时，可以在弹出的"另存为"对话框中选择图像的保存格式，如图1-51所示。

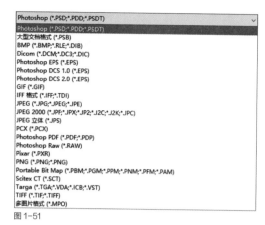

图 1-51

- **PSD**：PSD格式是Photoshop的默认存储格式，能够保存图层、蒙版、通道、路径、未栅格化的文字和图层样式等。在一般情况下，保存文件都采用这种格式，以便随时进行修改。

> 💡 小提示
>
> PSD 格式应用非常广泛，可以直接将这种格式的文件置入 Illustrator、InDesign 和 Premiere 等 Adobe 软件中。

- **GIF**：GIF格式是输出图像到网页常用的格式。GIF格式采用LZW压缩算法，它支持透明背景和动画，被广泛应用在网络中。

- **JPEG**：JPEG格式是平时常用的一种图像格式。它是一种基本的有损压缩格式，被绝大多数的图形处理软件所支持。

> 💡 小提示
>
> 在出版、印刷领域，不建议使用 JPEG 格式，因为它会损坏图像质量。

- **PNG**：PNG格式是专门为Web开发的，它是一种将图像压缩到Web上的文件格式。PNG格式与GIF格式不同的是，PNG格式支持24位图像并产生无锯齿的透明背景。

> 💡 小提示
>
> PNG 格式可以实现无损压缩，并且背景部分是透明的，因此常用来存储背景透明的素材。

- **TIFF**：TIFF格式是一种通用的文件格式，所有的绘画、图像编辑和排版程序都支持该格式，而且几乎所有的桌面扫描仪都可以输出TIFF图像。TIFF格式支持具有Alpha通道的CMYK、RGB、Lab、索引颜色和灰度图像，以及没有Alpha通道的位图模式图像。Photoshop可以在TIFF文件中存储图层和通道，但是如果在另外一个应用程序中打开该文件，那么只有拼合图像才是可见的。

> 💡 小提示
>
> 在实际工作中，PSD 格式是比较常用的文件格式，它可以保留文件的图层、蒙版和通道等所有内容，在编辑图像之后，应该尽量将图像保存为该格式，以便以后可以随时修改。另外，矢量图形软件 Illustrator 和排版软件 InDesign 也支持 PSD 格式的文件，这意味着一个透明背景的文件置入这两个软件之后，背景仍然是透明的。JPEG 格式是大多数数码相机默认的格式，如果将照片或图像进行打印输出，或是通过 E-mail 传送，可采用 JPEG 格式。

### 1.4.4 置入文件

置入文件是将图片或任何Photoshop支持的文件作为智能对象添加到当前操作的文档中。

新建一个文档以后，选择"文件>置入嵌入对象"菜单命令，如图1-52所示，在弹出的对话框中选择需要置入的文件即可。

图 1-52

> 💡 小提示
>
> 置入文件时，文件将自动放置在画布的中间，同时会保持原始的长宽比。如果置入的文件比当前编辑的图像大，那么该文件将被调整到宽度与画布相同。
> 在置入文件之后，可以对作为智能对象的图像进行缩放、定位、斜切、旋转或变形操作，并且不会降低图像的质量。

## 1.4.5 关闭文件

当编辑完图像以后，需保存并关闭文件。Photoshop提供了3种关闭文件的方法，如图1-53所示。

图1-53

- **关闭**：选择该命令或按快捷键Ctrl+W，关闭当前处于激活状态的文件。使用这种方法关闭文件时，其他文件将不受任何影响。

- **关闭全部**：选择该命令或按快捷键Alt+Ctrl+W，可以关闭所有的文件。

- **退出**：选择该命令或者单击Photoshop界面右上角的 ✕ 按钮，可以关闭所有的文件并退出Photoshop。

## 1.5 图像的相关知识

★ 指导学时：4分钟

Photoshop是一个图像处理软件，只有掌握了关于图像和图形方面的知识，才能更好地使用它。

### 1.5.1 位图与矢量图

图像主要分为位图和矢量图。位图由像素组成，如果像素数量不够，图片就会模糊；矢量图与像素无关，无论放大或缩小，都不会模糊。

◆ 1. 位图

位图在技术上被称为"栅格图像"，也就是通常所说的"点阵图像"或"绘制图像"。它由像素组成，每个像素都会被分配一个特定位置和颜色值。相对于矢量图，处理位图时所

编辑的对象是像素，而不是对象或形状。

如果将图1-54放大8倍，图像会发虚，如图1-55所示，而将其放大32倍时，就可以清晰地观察到图像中有很多小方块，这些小方块就是构成图像的像素，如图1-56所示。

图1-54

图1-55

图1-56

◆ 2. 矢量图

矢量图也被称为矢量形状或矢量对象，在数学上被定义为一系列由线连接的点，如Illustrator、CorelDRAW和AutoCAD等软件就是以矢量图形为基础进行创作的。与位图不同，矢量图中的图形元素被称为对象，每个对象都是一个自成一体的实体，具有颜色、形状、轮廓、大小和屏幕位置等属性。

对于矢量图形，无论是移动还是修改，都不会丢失细节或影响其清晰度。调整矢量图形的大小，将矢量图形打印到任何尺寸的介质上，在PDF文件中保存矢量图形或将矢量图形导入基于矢量的图形应用程序时，矢量图形都将保持清晰的边缘，如图1-57所示。将其放大8倍，图形很清晰，如图1-58所示；将其放大32倍，图形依然很清晰，如图1-59所示。这就是矢量图形的最大优势。

图1-57

图1-58　　　　　　　图1-59

💡 小提示

矢量图在设计中应用得比较广泛，如Flash动画、广告设计喷绘等（注意，常见的JPG、GIF和BMP图像都属于位图）。

### 1.5.2　像素与分辨率

在Photoshop中，图像处理是指对图像进行修饰、合成和校色等。Photoshop中图像的尺寸及清晰度是由图像的像素与分辨率来控制的。

◆ 1. 像素

像素是构成位图的基本单位。位图由许多个大小相同的像素沿水平方向和垂直方向按统一的矩阵整齐排列而成。构成一幅图像的像素越多，色彩信息越丰富，效果就越好，当然文件所占的空间也就更大。在位图中，像素的大小是指沿图像的宽度和高度测量出的像素数目。图1-60中是3张像素分别为800像素×600像素、500像素×375像素和200像素×150像素的图像，可以很清楚地观察到左图的效果是最好的。

800像素×600像素　　500像素×375像素　200像素×150像素
图1-60

◆ 2. 分辨率

分辨率是指位图中细节的精细度，测量单位是像素/英寸（ppi），每英寸的像素越多，分辨率越高。一般来说，图像的分辨率越高，印刷出来的质量就越好。例如，图1-61中是两张尺寸相同、内容相同的图像，左图的分辨率为

300ppi，右图的分辨率为72ppi，可以看到这两张图像的清晰度有着明显的差异，即左图的清晰度明显要高于右图。

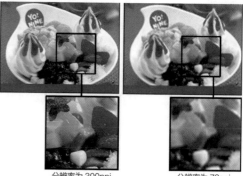

分辨率为300ppi　　　　　分辨率为72ppi
图1-61

## 1.6　扩展练习

本节安排了两个扩展练习，希望读者认真练习，以巩固本章所学的知识。

扩展练习：自定义工作区

| 实例位置 | 无 |
| --- | --- |
| 素材位置 | 素材文件 >CH01> 船 .jpg |
| 视频名称 | 自定义工作区 .mp4 |
| 技术掌握 | 自定义合理的工作区 |

拥有一个干净、整洁的工作区，工作起来心情也会比较舒畅。本练习旨在自定义工作区，重新规划界面中面板的组合形式。

01 将"素材文件 >CH01> 船 .jpg"文件拖入Photoshop，单独拖曳某些面板进行一些操作后，由于面板不会自动归位，此时界面会显得有些混乱，如图1-62所示。

图1-62

💡 小提示

当前的工作区有些混乱，界面中有很多无用的面板，影响了操作空间。

02 在"窗口"菜单下关闭不需要的面板，只保留"颜色""色板""属性""调整""图层""通道""路径"，如图 1-63 所示。

图 1-63

03 在"窗口"菜单下勾选"动作"命令，打开"动作"面板，如图 1-64 所示，然后将"动作"面板拖曳到"属性"和"调整"面板组中，如图 1-65 所示。

图 1-64

图 1-65

04 在"窗口"菜单下勾选"直方图"命令，打开"直方图"面板，如图 1-66 所示。将"直方图"面板拖曳到"颜色"和"色板"面板组中，如图 1-67 所示。

图 1-66

图 1-67

05 选择"窗口 > 工作区 > 新建工作区"菜单命令，在弹出的对话框中为工作区设置一个名称，单击"存储"按钮 存储 存储工作区，如图 1-68 所示。存储工作区后，在"窗口 > 工作区"菜单中可以选择自定义的工作区，如图 1-69 所示。

图 1-68

图 1-69

> 💡 **小提示**
>
> 如果要删除自定义工作区，只需要选择"窗口 > 工作区 > 删除工作区"菜单命令，在弹出的"删除工作区"对话框中选择要删除的工作区，单击"删除"按钮 ~~删除(D)~~ 即可，如图 1-70 所示。注意，如果要删除某个工作区，这个工作区必须未处于工作状态，否则不能将其删除。
>
> 图 1-70

## 扩展练习：修改图片尺寸用于网络传输

| 实例位置 | 无 |
| --- | --- |
| 素材位置 | 素材文件 > CH01> 花朵 .jpg |
| 视频名称 | 修改图片尺寸用于网络传输 .mp4 |
| 技术掌握 | 修改图片尺寸的方法 |

在网络中经常需要上传图片，很多网站都限制了上传图片的尺寸，所以需要修改图片尺寸以便上传。

**01** 按快捷键 Ctrl+O 打开"素材文件 > CH01> 花朵 .jpg"文件，如图 1-71 所示。

图 1-71

**02** 选择"图像 > 图像大小"菜单命令，打开"图像大小"对话框，从对话框中可以看到图像大

小为 2M，宽度为 1024 像素，高度为 683 像素，如图 1-72 所示。当 🔒 按钮为选中状态时，调整宽度和高度参数可以约束长宽比；当 🔒 按钮处于未选中状态（浅灰色，并且周围没有括号图形）时，调整宽度和高度参数将不能约束长宽比。

图 1-72

**03** 在"图像大小"对话框中设置"宽度"为 500 像素，因为按下了 🔒 按钮，所以高度会自动改变，图像大小也随之改变了，如图 1-73 所示。

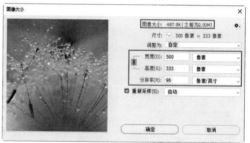

图 1-73

**04** 单击"确定"按钮，此时可以清楚地看到图像变小了，如图 1-74 所示。

图 1-74

第 2 章

# Photoshop 的基本操作

## 本章导读

本章主要介绍 Photoshop 中图像的基本操作，希望读者能够透彻理解本章的基本概念，灵活掌握基本操作，为今后的学习打下坚实的基础。

## 本章学习任务

调整图像和画布大小

图像处理中辅助工具的使用

图像的还原 / 返回 / 恢复

裁剪图像

图像的基本变换

内容识别比例变换

## 2.1 调整图像和画布大小

★ 指导学时: 15分钟

很多时候，拍摄的照片或所需的素材图像尺寸、分辨率等不能刚好满足用户的需求，这时就可以通过调整图像或画布的大小等进行修改。下面将分别进行讲解。

### 2.1.1 随学随练: 重设图像大小

| | |
|---|---|
| 实例位置 | 实例文件 >CH02> 随学随练: 重设图像大小 .psd |
| 素材位置 | 素材文件 >CH02> 宝贝 .jpg |
| 视频名称 | 重设图像大小 .mp4 |
| 技术掌握 | "图像大小"和"画布大小"对话框中参数的设置 |

对于一些尺寸不合适的图像，可以通过在"图像大小"对话框中设置参数来改变大小，还可以通过扩展画布，在改变图像大小的同时添加一些背景图像，效果如图2-1所示。

图2-1

01 将"素材文件 >CH02> 宝贝 .jpg"文件拖入 Photoshop，如图 2-2 所示。

02 按快捷键 Ctrl+Alt+I 打开"图像大小"对话框，可以看到原有图像的大小和尺寸，如图 2-3 所示。

图2-2 图2-3

03 在对话框中重新输入宽度和高度参数，如图 2-4 所示，然后单击"确定"按钮，得到改变大小后的图像。

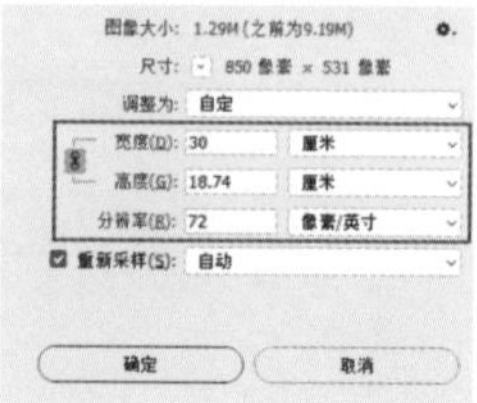

图2-4

04 选择"图像 > 画布大小"菜单命令，打开"画布大小"对话框，设置扩展后的"宽度"为33厘米，"高度"为25厘米，定位在中间，如图 2-5 所示。

图2-5

05 单击"画布大小"对话框下方"画布扩展颜色"右侧的色块，打开"拾色器"对话框，在其中可以设置扩展画布的颜色，如图 2-6 所示。

图2-6

06 单击"确定"按钮，即可得到扩展后的画布，效果如图 2-7 所示。

07 选择"横排文字工具" T.，在画面底部输入文字作为点缀，并在选项栏中设置合适的字体，再设置文字颜色为白色，如图 2-8 所示。

图2-7 图2-8

### 2.1.2 调整图像大小

"图像大小"主要用来设置图像的打印尺寸。

**命令:** "图像>图像大小"菜单命令 **作用:** 修改图像的大小 **快捷键:** Alt+Ctrl+I

打开一张图像，选择"图像>图像大小"菜

单命令或按快捷键Alt+Ctrl+I，即可打开"图像大小"对话框，如图2-9所示。在"图像大小"对话框中可更改图像的尺寸，减小文档的"宽度"和"高度"值，就会减少像素数量，此时图像尺寸虽然变小，但画面质量不变，如图2-10所示；若提高文档的分辨率，则会增加新的像素，此时图像尺寸虽然变大，但画面的质量会下降，如图2-11所示。

图2-9

图2-10

图2-11

### 2.1.3 调整画布大小

画布指整个文档的工作区域，如图2-12所示。选择"图像>画布大小"菜单命令或按快捷键Alt+Ctrl+C，打开"画布大小"对话框，如图2-13所示。在该对话框中可以对画布的宽度、高度、定位和扩展背景颜色进行调整。

图2-12　　　　图2-13

### 2.1.4 当前画布大小

**命令**："图像>画布大小"菜单命令　**作用：**对画布的宽度、高度、定位和扩展背景颜色进行调整　**快捷键**：Alt+Ctrl+C

"当前大小"选项组中显示的是文档的实际大小，以及图像的宽度和高度的实际尺寸，如图2-14所示。

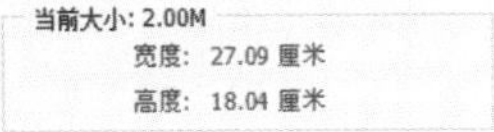

当前大小: 2.00M
宽度: 27.09 厘米
高度: 18.04 厘米

图2-14

### 2.1.5 新建画布大小

"新建大小"是指修改画布尺寸后的大小。当输入的"宽度"和"高度"值大于原始画布尺寸时，会增大画布，如图2-15所示；当输入的"宽度"和"高度"值小于原始画布尺寸时，Photoshop会裁掉超出画布区域的图像，如图2-16所示。

图2-15

图 2-16

**小提示**

当新画布小于当前画布时，Photoshop 会对当前画布进行裁切，并且在裁切前会弹出一个警告对话框，如图 2-17 所示，询问用户是否进行裁切操作，单击"继续"按钮将进行裁切，单击"取消"按钮将不裁切。 图 2-17

### 2.1.6 画布扩展颜色

"画布扩展颜色"指填充新画布的颜色，只针对背景图层操作，如果图像的背景是透明的，那么"画布扩展颜色"选项将不可用，新增加的画布也是透明的。

如果"图层"面板中只有"图层 0"，没有"背景"图层，如图 2-18 所示，图像的背景就是透明的。如果将画布的"高度"扩展 6 厘米（需要注意勾选"相对"选项），则扩展的区域就是透明的，如图 2-19 所示。

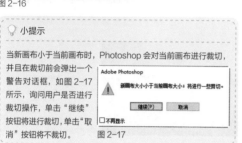

图 2-18

图 2-19

### 2.1.7 旋转视图

**命令：** "图像>图像旋转"菜单命令 **作用：**

对图像进行旋转 **快捷键：** Alt+I+G

使用"图像旋转"命令可以旋转或翻转整个图像，如图 2-20 所示。图 2-21 为原图，图 2-22 和图 2-23 分别是选择"顺时针 90 度"命令和"水平翻转画布"命令后的图像效果。

图 2-20　　　　　　　　图 2-21

图 2-22　　　　　　　　图 2-23

**小提示**

选择"图像 > 图像旋转 > 任意角度"菜单命令，可以设置任意角度旋转画布。

## 2.2 图像处理中的辅助工具

★ 指导学时：8 分钟

辅助工具包括标尺、参考线、网格和"抓手工具"等，借助这些辅助工具可以进行参考、对齐、对位等操作，有助于更快、更精确地处理图像。

### 2.2.1 随学随练：用"抓手工具"查看图像

| | |
|---|---|
| 实例位置 | 无 |
| 素材位置 | 素材文件 >CH02> 海螺 .jpg |
| 视频名称 | 用"抓手工具"查看图像 .mp4 |
| 技术掌握 | "抓手工具"的用法 |

当放大图像后查看某一区域时，可以使用"抓手工具" 将图像移动到特定的区域进行查看。

**01** 打开"素材文件 >CH02> 海螺 .jpg"文件，如图 2-24 所示。

**02** 在工具箱中选择"缩放工具" 或按快捷

键 Z，然后在画布中单击，即可放大图像的显示
比例，如图 2-25 所示。

图 2-24

图 2-25

图 2-28　　　　　　　　图 2-29

03 在工具箱中选择"抓手工具" 🖐️，或按快捷
键 H，此时鼠标指针在画布中会变成抓手形状，
拖曳鼠标到其他位置即可查看该区域的图像，
如图 2-26 和图 2-27 所示。

图 2-26

图 2-27

> 💡 小提示
>
> 在使用其他工具编辑图像时，按住 Space 键（空格键）可以切换到"抓
> 手工具" 🖐️，当松开 Space 键时，系统会自动切换回之前的状态。

### 2.2.2 标尺与参考线

**命令：**"视图>标尺"菜单命令　**作用：**精
确地定位图像或元素　**快捷键：**Ctrl+R

标尺和参考线能精确地定位图像或元素。
选择"视图>标尺"菜单命令，即可在画布中显
示出标尺，将鼠标指针放置在左侧的垂直标尺
上，然后按住鼠标左键向右拖曳即可拖出垂直
参考线，如图2-28和图2-29所示。参考线以浮
动的状态显示在图像上方，在输出和打印图像
的时候，参考线不会显示出来。

### 2.2.3 网格

**命令：**"视图>显示>网格"菜单命令　**作
用：**对称排列图像　**快捷键：**Ctrl+'

网格可以作为排列图像的参考线，默认情
况下显示为线条。选择
"视图>显示>网格"
菜单命令，即可在画布
中显示出网格，如图
2-30所示。

图 2-30

### 2.2.4 抓手工具

使用"抓手工具"可以在文档窗口中以
拖曳的方式查看图像。在工具箱中单击"抓手工
具" 🖐️，"抓手工具" 🖐️ 的选项栏如图2-31所示。

图 2-31

## 2.3 还原与裁剪图像

★ 指导学时：15分钟

用Photoshop编辑图像时，难免会有操作错
误的情况，这时需要撤销或返回所做的步骤，
然后重新编辑图像。当使用数码相机拍摄照片
或扫描老照片时，为了使画面的构图更加完美，
经常需要裁剪掉多余的部分。下面将分别讲解还
原图像与裁剪图像的操作。

### 2.3.1 随学随练：用"裁剪工具"裁剪图像

| | |
|---|---|
| 实例位置 | 实例文件>CH02>随学随练：用"裁剪工具"裁剪图像.jpg |
| 素材位置 | 素材文件>CH02>小女孩.jpg |
| 视频名称 | 用"裁剪工具"裁剪图像.mp4 |
| 技术掌握 | "裁剪工具"的用法 |

当画布过大或者图片四周有不重要的元素时，可以裁剪掉多余的图像，以突出画面中的重要元素，如图2-32所示。

图2-32

01 按快捷键Ctrl+O，打开"素材文件>CH02>小女孩.jpg"图像文件，如图2-33所示。

02 在工具箱中单击"裁剪工具"或按快捷键C，此时画布中会显示出裁剪框。用鼠标仔细调整裁剪框上的控制点，确定裁剪区域，如图2-34所示。

图2-33　　　　图2-34

03 确定裁剪区域并旋转好角度以后，可以按Enter键或双击，也可以在选项栏中单击"提交当前裁剪操作"按钮✔完成裁剪操作，最终效果如图2-35所示。

图2-35

## 2.3.2 还原

**命令：**"编辑>还原"菜单命令　**作用：**撤销最近的一次操作　**快捷键：**Ctrl+Z

"还原"和"重做"两个命令相互关联。选择"编辑>还原"菜单命令，可以撤销最近的一次操作，将其还原到上一步操作状态中。

## 2.3.3 后退一步与前进一步

**命令：**"编辑>后退一步"菜单命令　**作用：**连续还原操作的步骤　**快捷键：**Alt+Ctrl+Z

**命令：**"编辑>前进一步"菜单命令　**作用：**逐步恢复被撤销的步骤　**快捷键：**Shift+Ctrl+Z

如果要连续还原操作步骤，就需要使用"编辑>后退一步"菜单命令，或连续按快捷键Alt+Ctrl+Z来逐步撤销操作；如果要取消还原操作，可以连续选择"编辑>前进一步"菜单命令，或连续按快捷键Shift+Ctrl+Z来逐步恢复被撤销的操作。

## 2.3.4 恢复

**命令：**"文件>恢复"菜单命令　**作用：**将文件恢复到最后一次保存时的状态，或返回刚打开文件时的状态　**快捷键：**F12

选择"文件>恢复"菜单命令或按快捷键F12，可以直接将文件恢复到最后一次保存时的状态，或返回到刚打开文件时的状态。

> 💡 **小提示**
>
> "恢复"命令只能针对已有图像的操作进行恢复。如果是新建的文件，"恢复"命令将不可用。

## 2.3.5 历史记录的还原操作

编辑图像时，每进行一次操作，Photoshop都会将其记录到"历史记录"面板中。也就是说，利用"历史记录"面板可以恢复到某一步的状态，同时也可以返回到当前的操作状态。

选择"窗口>历史记录"菜单命令，打开"历史记录"面板，如图2-36所示。

设置历史记录画笔的源

快照缩览图

历史记录状态

当前状态

从当前状态创建新文档

创建新快照

删除当前状态

图 2-36

打开一张素材图像，如图2-37所示。选择"图像>图像旋转>水平翻转画布"菜单命令，效果如图2-38所示。选择"窗口>历史记录"菜单命令，打开"历史记录"面板，在该面板中可以看到之前所进行的操作，如图2-39所示。

图 2-37

如果想要返回到图像刚打开时的效果，可以单击"打开"状态，图像就会返回到该步骤的效果，如图2-40所示。

图 2-38

图 2-39

图 2-40

## 2.3.6 裁剪工具

**工具：**"裁剪工具" 🔲. **作用：**裁剪掉多余的图像，并重新定义画布的大小 **快捷键：** C

裁剪是指移去部分图像，以突出或加强构图效果。使用"裁剪工具" 🔲 可以裁剪掉多余的图像，并重新定义画布的大小。

> 💡 **小提示**
>
> 选择"裁剪工具" 🔲 后，画布中会自动出现一个裁剪框，拖曳裁剪框上的控制点，可以选择要保留的部分或旋转图像，然后按Enter 键或双击即可完成裁剪。此时仍然可以继续对图像进行进一步的裁剪和旋转。按 Enter 键或双击后，单击其他工具可以完全退出裁剪操作。

在工具箱中选择"裁剪工具" 🔲，调出其选项栏，如图2-41所示。

图 2-41

◆ **1. 不受约束**

在该下拉列表中可以选择一个约束选项，按一定比例对图像进行裁剪，如图2-42所示。

图 2-42

◆ **2. 拉直图像**

单击 🔲 按钮，可以通过在图像上绘制一条直线来确定裁剪区域与裁剪框的旋转角度，如图2-43所示。绘制直线后将自动旋转图像，同时可以在裁剪框内预览裁剪后的角度和效果，如图2-44所示。

图 2-43

图 2-44

### 3. 视图

在该下拉列表中可以选择裁剪参考线的样式和叠加方式，如图2-45所示。裁剪参考线包括"三等分""网格""对角""三角形""黄金比例""金色螺线"6种，叠加方式包括"自动显示叠加""总是显示叠加""从不显示叠加"3个选项，剩下的"循环切换叠加"和"循环切换取向"两个选项用来设置叠加的循环切换方式。

图2-45

### 4. 设置其他裁切选项

单击"设置其他裁切选项"按钮 ⚙，可以打开设置其他裁剪选项的设置面板，如图2-46所示。

图2-46

- **使用经典模式**：裁剪方式将自动切换为以前版本的裁剪方式。

- **显示裁剪区域**：在裁剪图像的过程中，会显示被裁剪的区域。

- **自动居中预览**：在裁剪图像时，裁剪预览效果会始终显示在画布的中央。

- **启用裁剪屏蔽**：在裁剪图像的过程中查看被裁剪的区域。

- **不透明度**：设置在裁剪过程中或完成后被裁剪区域的不透明度，图2-47和图2-48分别是设置"不透明度"为22%和80%时的裁剪屏蔽（被裁剪区域）效果。

图2-47

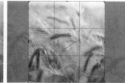

图2-48

### 5. 删除裁剪的像素

如果勾选该选项，在裁剪结束时将删除被裁剪的图像；如果关闭该选项，则将被裁剪的图像隐藏在画布之外。

## 2.3.7 透视裁剪图像

**工具**："透视裁剪工具" ⬚　**作用**：将图像中的某个区域裁剪下来作为纹理或仅校正某个偏斜的区域　**快捷键**：C

"透视裁剪工具" ⬚ 是一个全新的工具，它将图像中的某个区域裁剪下来作为纹理或仅校正某个偏斜的区域，非常适合裁剪具有透视关系的图像。图2-49所示是该工具的选项栏，此工具可以通过绘制出正确的透视形状告诉用户哪里是要被校正的图像区域。

图2-49

01 打开一张素材图像，如图2-50所示。在工具箱中选择"透视裁剪工具" ⬚，然后在图像上拖曳出一个裁剪框，如图2-51所示。

图2-50

图2-51

02 仔细调节裁剪框上的4个控制点，使其包含正面宣传区域，如图2-52所示。按Enter键确认裁剪操作，此时Photoshop会调整透视关系，修正文字效果，最终效果如图2-53所示。

图2-52

图2-53

## 2.4 图像的变换

★ 指导学时：25分钟

　　移动、旋转、缩放、扭曲和斜切等是处理图像的基本方法。其中，移动、旋转和缩放称为变换操作，而扭曲和斜切称为变形操作。通过选择"编辑"菜单下的 "自由变换"和"变换"命令，可以改变图像的形状。

### 2.4.1 随学随练：制作平板电脑屏幕图像

实例位置　实例文件 >CH02> 随学随练：制作平板电脑屏幕图像 .psd
素材位置　素材文件 >CH02> 平板电脑 .jpg、海滩 .jpg、羽毛 .jpg
视频名称　制作平板电脑屏幕图像 .mp4
技术掌握　练习缩放和扭曲操作

　　本案例主要讲解如何使用"缩放"和"扭曲"变换功能将图片放入平板电脑屏幕中，如图2-54所示。

图 2-54

**01** 按快捷键 Ctrl+O，打开"素材文件 >CH02> 平板电脑 .jpg"图像文件，如图 2-55 所示。

**02** 选择 "文件 > 置入嵌入对象"菜单命令，在弹出的对话框中选择"素材文件 >CH02> 海滩 .jpg"图像文件并打开，如图 2-56 所示。

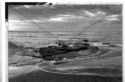

图 2-55　　　　　　　图 2-56

**03** 选择"编辑 > 变换 > 缩放"菜单命令，然后按住 Shift 键将照片缩小到与平板电脑屏幕相同，如图 2-57 所示，缩放完成后暂时不要退出变换模式。

图 2-57

**04** 在画布中单击鼠标右键，在弹出的菜单中选择"旋转"命令，如图 2-58 所示，适当旋转图像，使其角度与平板电脑屏幕角度一致，如图 2-59 所示。

图 2-58　　　　　　　图 2-59

**05** 在画布中单击鼠标右键，在弹出的菜单中选择 "扭曲"命令，分别调整 4 个角上的控制点，使照片的 4 个角刚好与屏幕的 4 个角吻合，按 Enter 键完成变换操作，效果如图 2-60 所示。

**06** 置入 "羽毛 .jpg"素材图像，使用同样的方式调整图像大小并旋转角度，将其放置到手机屏幕中，最终效果如图 2-61 所示。

图 2-60　　　　　　　图 2-61

### 2.4.2 移动工具

　　**工具：**"移动工具" ⊕ **作用：**在单个或多个文档中移动图层、选区中的图像 **快捷键：** V

　　"移动工具" ⊕ 可以在文档中移动图层、选区中的图像，也可以将其他文档中的图像拖曳到当前文档中。图2-62所示是该工具的选项栏。

图 2-62

●　**对齐图层：**当同时选择了两个或两个以上的图层时，单击相应的按钮可以将所选图层对齐。对齐方式包括"顶对齐" ⫟、"垂直居中对齐" ⫟、"底对齐" ⬛、"左对齐" ⬛、"水平居中对齐" ⬛ 和"右对齐" ⬛。另外，还有一个"自动对齐图层"按钮■。

- **分布图层**：如果选择了3个或3个以上的图层，单击相应的按钮可以将所选图层按一定规则进行均匀分布排列。分布方式包括"按顶分布"■、"垂直居中分布"■、"按底分布"■、"按左分布"■、"水平居中分布"■和"按右分布"■。

#### ◆ 1. 在同一个文档中移动图像

在"图层"面板中选择要移动的对象所在的图层，如图2-63所示，然后在工具箱中选择"移动工具"■，接着在画布中按住鼠标左键拖曳即可移动选中的对象，如图2-64所示。

图 2-63

图 2-64

#### ◆ 2. 在不同的文档间移动图像

打开两个或两个以上的文档，将鼠标指针放置在画布中，然后使用"移动工具"■将选定的图像拖曳到另外一个文档的标题栏上，如图2-65所示，停留片刻后切换到目标文档，接着将图像移动到画面中，如图2-66 所示。松开鼠标即可将图像拖曳到文档中，同时Photoshop会生成一个新的图层，如图2-67所示。

图 2-65

图 2-66

图 2-67

💡 小提示

如果按住 Shift 键将一个图像拖曳到另外一个文档中，那么将保持
这个图像在原文档中的位置不变。

### 2.4.3 自由变换

**命令：** "编辑>自由变换"菜单命令 **作用：**
在一个连续的操作中应用旋转、缩放、斜切、
扭曲、透视和变形 **快捷键：** Ctrl+T

"自由变换"命令可用于在一个连续的操
作中应用变换（旋转、缩放、斜切、扭曲和透
视），也可以应用变形变换，同时不必选取其
他命令，只需在键盘上按住相关按键，即可在
变换类型之间进行切换。

### 2.4.4 变换

"编辑>变
换"菜单提供了
各种变换命令，
如图2-68所示。
用这些命令可以
对图层、路径、
矢量图形，以及
选区中的图像进
行变换操作。

图2-68

◆ 1. 缩放

**命令：** "编辑>变换>缩放"菜单命令 **作用：**
对图像进行缩放

使用"缩放"命令可以对图像进行缩放。
图2-69所示为原图，不按任何按键，可以任意
缩放图像，如图2-70所示；如果按住Shift键，
可以等比例缩放图像，如图2-71所示；如果按
住Alt键，可以以中心点为基准点等比例缩放图
像，如图2-72所示。

图2-69      图2-70

图2-71      图2-72

◆ 2. 旋转

**命令：** "编辑>变换>旋转"菜单命令 **作用：**
围绕中心点转动变换对象

使用"旋转"命令可以围绕中心点转动变
换对象。如果不按任何按键，可以以任意角度旋
转图像，如图2-73所示；如果按住Shift键，可
以以15°为单位旋转图像，如图2-74所示。

图2-73      图2-74

◆ 3. 斜切

**命令：** "编辑>变换>斜切"菜单命令 **作用：**
在任意方向上倾斜图像

使用"斜切"命令可以在任意方向上倾斜
图像。如果不按任何按键，可以在任意方向上
倾斜图像；如果按
住Shift键，可以
在垂直或水平方向
上倾斜图像，如图
2-75所示。

图2-75

**命令**："编辑>变换>扭曲"菜单命令 **作用**：在各个方向上伸展变换对象

使用"扭曲"命令可以在各个方向上伸展变换对象。如果不按任何按键，可以在任意方向上扭曲图像，如图2-76所示；如果按住Shift键，可以在垂直或水平方向上扭曲图像，如图2-77所示。

图2-76

图2-77

◆ 5. 透视

**命令**："编辑>变换>透视"菜单命令 **作用**：对变换对象应用单点透视

使用"透视"命令可以对变换对象应用单点透视。拖曳定界框4个角上的控制点，可以在水平或垂直方向上对图像应用透视，如图2-78和图2-79所示。

图2-78

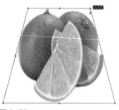
图2-79

◆ 6. 变形

**命令**："编辑>变换>变形"菜单命令 **作用**：对图像的局部内容进行扭曲

使用"变形"命令可以对图像的局部内容进行扭曲。选择该命令时，图像上将会出现变形网格和锚点，拖曳锚点或调整锚点的

方向线，可以对图像进行更加自由和灵活的变形处理，如图2-80所示。

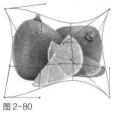
图2-80

◆ 7. 水平/垂直翻转

**命令**："编辑>变换>水平翻转"菜单命令 **作用**：将图像在水平方向上进行翻转

**命令**："编辑>变换>垂直翻转"菜单命令 **作用**：将图像在垂直方向上进行翻转

图2-81所示为原图。使用"水平翻转"命令可以将图像在水平方向上进行翻转，如图2-82所示；使用"垂直翻转"命令可以将图像在垂直方向上进行翻转，如图2-83所示。

图2-81

图2-82

图2-83

## 2.4.5 内容识别比例变换

**命令**："编辑>内容识别比例"菜单命令 **作用**：在不更改重要可视内容的情况下缩放图像大小 **快捷键**：Alt+Shift+Ctrl+C

常规缩放在调整图像大小时会统一影响所有像素，而"内容识别比例"命令主要影响没有重要可视内容区域中的像素。图2-84所示为原图，图2-85和图2-86所示分别是常规缩放和内容识别比例缩放效果。

图2-84

图 2-85

图 2-86

下面将详细介绍内容识别比例变换的操作方法。

01 按快捷键 Ctrl+O，打开"素材文件 >CH02> 父女 .jpg"文件，如图 2-87 所示。

图 2-87

02 按住 Alt 键双击"背景"图层的缩览图，如图 2-88 所示，将其转换为可编辑的"图层 0"，如图 2-89 所示。

图 2-88          图 2-89

> 小提示
>
> "背景"图层在默认情况下处于锁定状态，不能对其进行移动和变换等操作，必须将其转换为普通图层后才能进行下一步的操作。

03 选择"编辑 > 内容识别比例"菜单命令或按快捷键 Alt+Shift+Ctrl+C，进入内容识别比例缩放状态，然后选择定界框左侧中间的控制点向右拖曳（在缩放过程中可以看到人物几乎没有发生变形），如图 2-90 所示。

图 2-90

04 缩放完成后按 Enter 键完成操作。在工具箱中选择"裁剪工具" ，然后向左拖曳右侧中间的控制点，将透明区域裁剪掉，如图 2-91 所示，确定裁切区域后按 Enter 键确认操作，最终效果如图 2-92 所示。

图 2-91

图 2-92

## 2.5 扩展练习

根据这一章所讲的内容，本节安排了两个扩展练习供读者练习。

### 扩展练习：制作毕业照片墙

实例位置　实例文件 >CH02> 扩展练习：制作毕业照片墙 .psd
素材位置　素材文件 >CH02> 儿童照 1.png~ 儿童照 7.jpg
视频名称　制作毕业照片墙 .mp4
技术掌握　"移动工具"的用法和"自由变换工具"的操作方法

本练习是将多张照片放到照片墙上，需要运用"自由变换工具"调整照片的大小和角度，使其与背景协调，如图 2-93所示。

图 2-93

01 打开背景图片，如图2-94所示。

02 导入多张图片，然后运用"自由变换"命令调整图片的大小和位置，同时注意图片的旋转角度要与相框一致，效果如图2-95所示。

图2-94　　　　　　　　图2-95

03 选择"多边形套索工具"，对照片框以外的图像绘制选区，然后删除图像，最终效果如图2-96所示。

图2-96

## 扩展练习：为玻璃瓶制作瓶贴

| | |
|---|---|
| 实例位置 | 实例文件 >CH02> 扩展练习：为玻璃瓶制作瓶贴 .psd |
| 素材位置 | 素材文件 >CH02> 花朵 .jpg、玻璃瓶 .jpg |
| 视频名称 | 为玻璃瓶制作瓶贴 .mp4 |
| 技术掌握 | 图像的基本变换和画布尺寸的修改 |

本练习是制作瓶身中的瓶贴图像，运用"变形"命令调整图像的大小和弧度，然后为其制作阴影立体效果，如图2-97所示。

图2-97

01 打开"玻璃瓶 .jpg"和"花朵 .jpg"素材图

片，然后将"花朵 .jpg"图像拖到瓶子图像中，接着调整图像的大小，如图 2-98 所示。

02 选择"编辑 > 变换 > 变形"菜单命令，调整变形变换框中的控制杆，使其适应瓶身的弧度，如图 2-99 所示。

图2-98　　　　　　　　图2-99

03 载入花朵图像选区，新建一个图层，使用"渐变工具"对其应用线性渐变填充，如图2-100所示。

04 设置该图层的混合模式为"强光"，并适当降低图层的不透明度，效果如图2-101所示。

图2-100　　　　　　　　图2-101

💡 小提示

渐变填充的用法可以参考"4.1.4 渐变工具"。图层的混合模式的用法可以参考"6.1.2'图层'面板"。

第 3 章

# 选区

## 本章导读

顾名思义，选区就是选择的区域。在 Photoshop 中，
使用选择工具设定范围是比较常用的一种方法。建立
选区后，可对选区内的图像进行操作，选区外的区域
则不受任何影响。

## 本章学习任务

选区的作用

基本选择工具的用法

选区的基本操作方法

选区的修改方法

其他常用的选择命令

## 3.1 选区的作用

★ 指导学时：2分钟

如果要在Photoshop中处理图像的局部，就需要为图像指定一个有效的编辑区域，这个区域就是选区。通过选区，可以对特定区域进行编辑，并保持未选定区域不被改动。例如，改变图3-1所示的海星图像的颜色，这时就可以使用"快速选择工具" 或"钢笔工具" 选中海星图像，如图3-2所示，然后单独对其调色，如图3-3所示。

图 3-1

图 3-2

图 3-3

## 3.2 基本选择工具

★ 指导学时：20分钟

Photoshop提供了很多选择工具，针对不同的对象，可以使用不同的选择工具。基本选择工具包括"矩形选框工具" 、"椭圆选框工具" 、"单行选框工具" 、"单列选框工具" 、"套索工具" 、"多边形套索工具" 、"磁性套索工具" 、"快速选择工具" 和"魔棒工具" 。熟练掌握这些基本工具的使用方法，可以快速地选择所需的选区。

### 3.2.1 随学随练：制作科技之眼

| 实例位置 | 实例文件 >CH03> 随学随练：制作科技之眼 .psd |
| --- | --- |
| 素材位置 | 素材文件 >CH03> 眼睛 .jpg、蓝色背景 .jpg |
| 视频名称 | 制作科技之眼 .mp4 |
| 技术掌握 | 运用选择工具绘制选区 |

本案例主要针对"椭圆选框工具" 和"矩形选框工具" 的用法进行练习，使用这

两种工具分别绘制选区，并填充颜色，再添加效果，如图3-4所示。

图 3-4

01 打开"素材文件 >CH03> 蓝色背景 .jpg"图像文件，选择"椭圆选框工具" ，按住Shift 键在图像中绘制一个圆形选区，如图 3-5所示。

02 新建一个图层，得到"图层 1"，单击工具箱下方的"设置背景色"图标，设置背景色为白色，然后按快捷键 Ctrl+Delete 填充选区，接着按快捷键 Ctrl+D 取消选区，效果如图 3-6所示。

图 3-5

图 3-6

03 在"图层"面板中双击"图层 1"，打开"图层样式"对话框，设置"填充不透明度"为 15%，如图 3-7所示。

图 3-7

04 勾选对话框左侧的"投影"样式，设置投影颜色为黑色，"不透明度"为 51%，角度为

30°，勾选"使用全局光"，再设置"距离"
为1像素，"扩展"为2%，"大小"为10像素，
如图3-8所示，单击"确定"按钮，得到添加
投影的透明圆形，如图3-9所示。

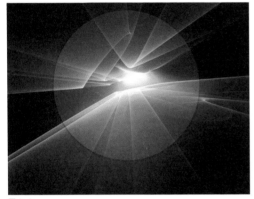
图3-8

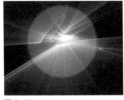
图3-9

05 按快捷键 Ctrl+J 复制圆形图像，并适当缩
小，重叠放在一起，得到的图像效果如图3-10
所示。

06 打开"素材文件 >CH03> 眼睛 .jpg"图像文件，
然后将其拖曳到当前编辑的图像中，并调整大
小，如图3-11所示。

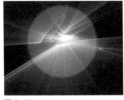
图3-10 　　　　　　　図3-11

07 选择"椭圆选框工具" ，在眼睛图像中绘
制一个圆形选区，然后按快捷键 Ctrl+Shift+I
反选选区，如图3-12所示。

08 按 Delete 键删除选区中的图像，得到的图像
效果如图3-13所示。

图3-12 　　　　　　　图3-13

09 在"图层"面板中设置眼睛图像所在图层
的混合模式为"线性加深"，"不透明度"为
70%，如图3-14所示。

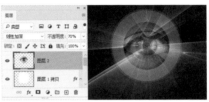
图3-14

10 新建一个图层，使
用"矩形选框工具" 
在画面底部绘制一个矩
形选区，填充颜色为蓝
色（ R:36, G:73, B:173），
如图3-15所示。

图3-15

11 在"图层"面板中设置图层的"不透明度"
为50%，如图3-16所示，然后按快捷键 Ctrl+J
复制一层图像，并适当向下移动，效果如图3-17
所示。

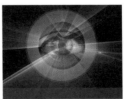
图3-16 　　　　　　　图3-17
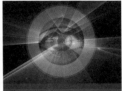

12 选择"横排文字工具" ，在图像下方输入
英文"EYES"，并在选
项栏中设置合适的字
体，填充文字为淡蓝色
（ R:72, G:131, B:197 ），
效果如图3-18所示。

图3-18

## 3.2.2 选框工具组

选框工具组包括"矩形选框工具" 🔳、"椭圆选框工具" ⚪、"单行选框工具" ➖ 和"单列选框工具" ▮，它们的选项栏都是一样的，如图3-19所示。

图3-19

**选框工具选项介绍**

● **新选区** ▣：激活该按钮，可以创建一个新选区，如图3-20所示。如果已经存在选区，新创建的选区将替代原来的选区。

● **添加到选区** ▣：激活该按钮以后，可以将当前创建的选区添加到原来的选区中（在"新选区"模式下按住Shift键绘制也可以实现相同的操作），如图3-21所示。

图3-20　　　　　　　　图3-21

● **从选区减去** ▣：激活该按钮以后，可以将当前创建的选区从原来的选区中减去（在"新选区"模式下按住Alt键绘制也可以实现相同的操作），如图3-22所示。

● **与选区交叉** ▣：激活该按钮以后，新建选区时只保留原有选区与新创建的选区相交的部分（在"新选区"模式下按住快捷键Alt+Shift绘制也可以实现相同的操作），如图3-23所示。

图3-22　　　　　　　　图3-23

● **羽化**：主要用来设置选区的羽化范围，图

3-24和图3-25所示分别是将"羽化"值设置为0像素和20像素时的边界效果。

图3-24　　　　　　　　图3-25

● **消除锯齿**：只有使用"椭圆选框工具" ⚪ 和套索工具组时，"消除锯齿"选项才可用。"消除锯齿"只影响图像选区边缘的像素，对于平滑的选区边缘，不会丢失图像细节，在剪切、复制和粘贴选区图像时非常有用。

● **样式**：用来设置矩形选区的创建方法。当选择"正常"选项时，可以创建任意大小的矩形选区；当选择"固定比例"选项时，可以在右侧的"宽度"和"高度"输入框中输入数值，以创建固定比例的选区（如设置"宽度"为1、"高度"为2，创建出来的矩形选区的高度就是宽度的2倍）；当选择"固定大小"选项时，可以在右侧的"宽度"和"高度"输入框中输入数值，然后单击即可创建一个固定大小的选区（单击"高度和宽度互换"按钮 ⇄ 可以切换"宽度"和"高度"的数值）。

● **选择并遮住**：单击该按钮可以进入"属性"面板，如图3-26 所示，在该面板中可以对选区进行平滑、羽化等处理。

图3-26

对于形状比较规则的图案（如圆形、椭圆形、正方形和长方形），就可以使用比较简单的"矩形选框工具"或"椭圆选框工具"进行选择，如图3-27和图3-28所示。

图3-27                图3-28

> 💡 **小提示**
>
> 由于图3-27中的正方体是倾斜的，而使用"矩形选框工具"绘制出来的选区是没有倾斜角度的，这时可以选择"选择>变换选区"菜单命令，对选区进行旋转或其他调整，如图3-29所示。

图3-29

◆ 1. 矩形选框工具

"矩形选框工具"主要用来制作矩形选区和正方形选区（按住Shift键可以创建正方形选区），如图3-30和图3-31所示。

图3-30                图3-31

◆ 2. 椭圆选框工具

"椭圆选框工具"主要用来制作椭圆形选区和圆形选区（按住Shift键拖曳鼠标可以创建圆形选区），如图3-32和图3-33所示。

图3-32                图3-33

◆ 3. 单行/单列选框工具

使用"单行选框工具"和"单列选框工具"可以在图像中创建网格形选区。选择"单行选框工具"，然后在图像中单击，即可创建单行选区，接着选择"单列选框工具"，在选项栏中单击"添加到选区"按钮，在图像中创建单列选区。这两个工具常用来制作网格效果，如图3-34所示。

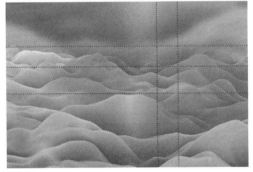

图3-34

### 3.2.3 套索工具组

套索工具组中的工具主要用于获取不规则的图像区域，需要手动操作，灵活性比较强，可以获得比较复杂的选区。套索工具组主要包括3种工具，即"套索工具"、"多边形套索工具"和"磁性套索工具"。

◆ 1. 套索工具

使用"套索工具"可以非常自由地绘制出形状不规则的选区。选择"套索工具"，在图像上按住鼠标左键拖曳绘制选区边界，当松开鼠标时，选区将自动闭合，如图3-35和图3-36所示。

图3-35

图3-36

💡小提示

当使用"套索工具"⚲绘制选区时，如果在绘制过程中按住 Alt 键，松开鼠标以后（不松开 Alt 键），Photoshop 会自动切换到"多边形套索工具"⚲。

◆ 2. 多边形套索工具

"多边形套索工具"⚲与"套索工具"⚲的使用方法类似。"多边形套索工具"⚲适合创建一些有尖角的选区，如图3-37所示。

图3-37

💡小提示

在使用"多边形套索工具"⚲绘制选区时按住 Shift 键，可以在水平方向、垂直方向或 45°方向上绘制直线。另外，按 Delete 键可以删除最近绘制的直线。

◆ 3. 磁性套索工具

"磁性套索工具"⚲可以自动识别对象的边界，特别适合用于快速选择与背景对比强烈且边缘复杂的对象，其选项栏如图3-38所示。

图3-38

**磁性套索工具选项介绍**

● **宽度**："宽度"值决定了以鼠标指针中心为基准，鼠标指针周围有多少个像素能够被"磁性套索工具"⚲检测到。如果对象的边缘比较清晰，可以设置较大的值；如果对象的边

缘比较模糊，可以设置较小的值。图3-39和图3-40所示分别是设置"宽度"值为20像素和200像素时检测到的边缘。

图3-39

图3-40

💡小提示

在使用"磁性套索工具"⚲勾画选区时，按住 Caps Lock 键，鼠标指针会变成⊙状，圆形的大小就是该工具能够检测到的边缘宽度。另外，按 [ 键和 ] 键可以调整检测宽度。

● **对比度**：该选项主要用来设置"磁性套索工具"⚲感应图像边缘的灵敏度。如果对象的边缘比较清晰，可以将数值设置得高一些；如果对象的边缘比较模糊，可以将数值设置得低一些。

● **频率**：在使用"磁性套索工具"⚲勾画选区时，Photoshop会生成很多锚点，"频率"选项用来设置锚点的数量。数值越大，生成的锚点越多，捕捉到的边缘越准确，但是可能会使选区不够平滑。图3-41和图3-42所示分别是设置"频率"为10%和100%时生成的锚点。

图3-41

图3-42

● **使用绘图板压力以更改钢笔宽度** ⚲：如果计算机配有数位板和压感笔，可以激活该按钮，Photoshop会根据压感笔的压力自动调节"磁性套索工具"⚲的检测范围。

> **小提示**
>
> 使用"磁性套索工具" 时，套索边界会自动对齐图像的边缘，如图3-43所示。当勾选完比较复杂的边界时，还可以按住 Alt 键切换到"多边形套索工具" ，以勾选转角比较尖锐的边缘，如图3-44所示。

图3-43　　　　　　　　图3-44

初学者在使用"多边形套索工具"和"磁性套索工具"等工具绘制选区的时候，会出现绘制的锚点偏离对象边缘的情况，这时可以按快捷键 Ctrl+Z 撤销上一步操作。如果需要撤销的步骤较多，可以选择"编辑＞后退一步"菜单命令，或按快捷键 Ctrl+Alt+Z。通过撤销，就可以重新绘制选区，直到达到满意的效果。

## 3.2.4 自动选择工具组

自动选择工具组中的工具可以通过识别图像中的颜色快速绘制选区，该工具组包括"快速选择工具" 和"魔棒工具" 。

### ◆ 1.快速选择工具

使用"快速选择工具" 可以利用可调整的圆形笔尖迅速地绘制出选区。当拖曳鼠标时，选取范围会向外扩张，而且可以自动寻找并沿着图像的边缘来描绘边界。该工具的选项栏如图3-45所示。

图3-45

### 自动选择工具选项介绍

- **新选区** ：激活该按钮，可以创建一个新的选区。

- **添加到选区** ：激活该按钮，可以在原有选区的基础上添加新创建的选区。

- **从选区减去** ：激活该按钮，可以在原有选区的基础上减去当前绘制的选区。

- **画笔选择器**：单击 按钮，可以在弹出的"画笔"选择器中设置画笔的大小、硬度、

间距、角度和圆度，如图3-46所示。在绘制选区的过程中，可以按]键和[键增大或减小画笔的大小。

图3-46

### ◆ 2.魔棒工具

"魔棒工具" 不需要描绘出对象的边缘，就能选取颜色相近的区域，在实际工作中使用频率相当高，其选项栏如图3-47所示。

图3-47

### 魔棒工具选项介绍

- **取样大小**：用于设置"魔棒工具" 的取样范围。选择"取样点"选项，可以对鼠标单击位置的像素进行取样；选择"3×3平均"选项，可以对鼠标单击位置3个像素区域内的平均颜色进行取样，其他选项与此类似。

- **容差**：决定所选像素之间的相似性或差异性，其取值范围为0~255。数值越小，对像素相似程度的要求越高，所选的颜色范围就越小，图3-48所示是设置"容差"为30时的选区效果；数值越大，对像素相似程度的要求越低，所选的颜色范围就越广，图3-49所示是设置"容差"为60时的选区效果。

图3-48　　　　　　　　图3-49

- **连续**：当勾选该选项时，只选择颜色连续的区域，如图3-50所示；当关闭该选项时，可以选择与所选像素颜色接近的所有区域，如图3-51所示。

图3-50　　　　　　　　图3-51

● **对所有图层取样：**如果文档中包含多个图层，如图3-52所示，当勾选该选项时，可以选择所有可见图层上颜色相近的区域，如图3-53所示；当关闭该选项时，仅选择当前图层上颜色相近的区域，如图3-54所示。

图3-52

图3-53　　　　　　　　图3-54

## 3.3 选区的基本操作

★ 指导学时：20分钟

　　选区的基本操作包括选区的运算（创建新选区、添加到选区、从选区减去和与选区交叉）、移动与填充选区、全选与反选选区、隐藏与显示选区和存储与载入选区等。通过这些简单的操作，就可以对选区进行任意处理。

### 3.3.1 随学随练：制作网店产品标签

| 实例位置 | 实例文件 >CH03> 随学随练：制作网店产品标签 .psd |
| --- | --- |
| 素材位置 | 无 |
| 视频名称 | 制作网店产品标签 .mp4 |
| 技术掌握 | 熟练使用多种选框工具 |

　　本案例将使用多种选框工具绘制图像，并变换选区的角度和大小，再为选区描边，得到标签外形，如图3-55所示。

图3-55

01 新建一个图像文件，设置前景色为浅灰色（R:183，G:183，B:183），按快捷键 Alt+Delete 填充背景图像，如图 3-56 所示。

02 新建一个图层，得到"图层1"，使用"椭圆选框工具" ◯ 在图像中绘制一个圆形选区，并填充颜色为红色（R:198，G:43，B:46），如图 3-57 所示。

图3-56　　　　　　　　图3-57

03 选择"选择 > 变换选区"菜单命令，选区四周将出现一个变换框，将鼠标指针放到变换框任意一个角上，当鼠标指针变为双箭头时，按住鼠标左键向内拖曳，适当缩小选区，然后移动选区的位置，如图 3-58 所示。

04 按 Enter 键确定变换，然后按 Delete 键删除选区中的对象，效果如图 3-59 所示。

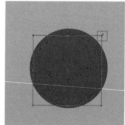 

图3-58　　　　　　　　图3-59

05 在"图层"面板中按住 Ctrl 键单击"图层1"，载入圆环图形选区，如图 3-60 所示。

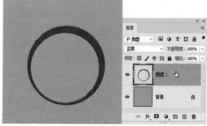

图3-60

06 选择"编辑 > 描边"菜单命令,打开"描边"对话框,设置宽度为 10 像素,描边颜色为白色,选择位置为"居外",如图 3-61 所示。

07 单击"确定"按钮,得到描边效果,按快捷键 Ctrl+D 取消选区,如图 3-62 所示。

图 3-61          图 3-62

08 新建图层,选择"多边形套索工具" ,在图像中绘制一个皇冠形状的多边形选区,填充颜色为红色(R:198,G:43,B:46),如图 3-63 所示。

09 选择"椭圆选框工具" ,按住 Shift 键,通过加选的方式,在皇冠图像每个尖角上方绘制一个圆形选区,效果如图 3-64 所示。

图 3-63          图 3-64

10 参照步骤 05~07 的制作过程,载入该图像选区,并为其描边,效果如图 3-65 所示。

11 按快捷键 Ctrl+T 适当缩小并旋转皇冠图像,然后放到圆环图像右上方,如图 3-66 所示。

图 3-65          图 3-66

12 选择"横排文字工具" ,在圆环图像中输入两行文字,并在选项栏中设置文字为不同粗细的黑体,填充颜色为红色(R:198,G:43,B:46),如图 3-67 所示。

13 选择"文字 > 栅格化文字图层"菜单命令,将文字图层转换为普通图层,然后载入文字选区,并为其添加描边效果,最终得到的图像效果如图 3-68 所示。

图 3-67          图 3-68

### 3.3.2 移动选区

使用"矩形选框工具" 、"椭圆选框工具" 创建选区时,在松开鼠标之前,按住 Space键(空格键)拖曳鼠标,可以移动选区,如图3-69和图3-70所示。

图3-69          图3-70

💡 小提示

如果要小幅度移动选区,可以在创建选区后,按键盘上的 →、←、↑ 和 ↓ 来进行移动。

另外,在图像中创建选区后,选择工具箱中的任意一种选区绘制工具,并且在"新选区"模式下,将鼠标指针放到选区内,按住鼠标左键拖曳,都可以移动选区。

在创建选区后,如果要移动选区内的图像,可以按 V 键选择"移动工具" ,然后将鼠标指针放在选区内,当鼠标指针变成剪刀状时按住鼠标左键拖曳即可移动选区内的图像,如图 3-71 所示。

图 3-71

### 3.3.3 填充选区

**命令**："编辑>填充"菜单命令 **作用**：在当前图层或选区内填充颜色或图案 **快捷键**：Shift+F5

利用"填充"命令可以在当前图层或选区内填充颜色或图案，同时也可以设置填充时的不透明度和混合模式。注意，文字图层和被隐藏的图层不能使用"填充"命令。

选择"编辑>填充"菜单命令或按快捷键Shift+F5，打开"填充"对话框，如图3-72所示。

图 3-72

**"填充"对话框选项介绍**

- **内容**：用来设置填充的内容，包括前景色、背景色、颜色、内容识别、图案、历史记录、黑色、50%灰色和白色。图3-73所示是一个橘子的选区，图3-74所示是使用图案填充选区后的效果。

图 3-73                    图 3-74

- **颜色适应**：允许调整对比度和亮度，以取得更好的匹配度。
- **模式**：用来设置填充内容的混合模式。图3-75所示是设置"模式"为"叠加"后的填充效果。
- **不透明度**：用来设置填充内容的不透明度。图3-76所示是设置"不透明度"为50%后的填充效果。

图 3-75                    图 3-76

- **保留透明区域**：勾选该选项以后，只填充图层中包含像素的区域，而透明区域不会被填充。

### 3.3.4 全选与反选选区

**命令**："选择>全部"菜单命令 **作用**：全选当前文档边界内的所有图像 **快捷键**：Ctrl+A

**命令**："选择>反向选择"菜单命令 **作用**：反向选择当前选择的图像 **快捷键**：Shift+Ctrl+I

选择"选择>全部"菜单命令或按快捷键Ctrl+A，可以选择当前文档边界内的所有图像，如图3-77所示。全选图像对复制整个文档中的图像非常有用。

创建选区以后，选择"选择>反向选择"菜单命令或按快捷键Shift+Ctrl+I，可以反选选区，也就是选择图像中没有被选择的部分，如图3-78所示。

图 3-77                    图 3-78

> 💡 **小提示**
>
> 创建选区以后，选择"选择>取消选择"菜单命令或按快捷键Ctrl+D，可以取消选区状态。如果要恢复被取消的选区，可以选择"选择>重新选择"菜单命令。

### 3.3.5 隐藏与显示选区

**命令**："视图>显示>选区边缘"菜单命令 **作用**：将选区隐藏或将隐藏的选区显示出来 **快捷键**：Ctrl+H

创建选区以后，选择"视图>显示>选区边缘"菜单命令或按快捷键Ctrl+H，可以隐藏选区；如果要将隐藏的选区显示出来，可以再次选择"视图>显示>选区边缘"菜单命令或按快捷键Ctrl+H。

> 💡**小提示**
>
> 隐藏选区后，选区仍然是存在的。

### 3.3.6 存储与载入选区

用Photoshop处理图像时，有时需要把已经创建好的选区存储起来，以便在需要的时候通过载入选区的方式将其快速载入图像中继续使用，这时候就需要存储与载入选区了。

◆ 1. 存储选区

**命令**："选择>存储选区"菜单命令 **作用**：存储图像中已经创建好的选区

在图像中创建的选区，可以将其进行存储。选择"选择>存储选区"菜单命令，Photoshop会弹出"存储选区"对话框，在其中进行相关设置后，单击"确定"按钮，即可存储选区，如图3-79所示。

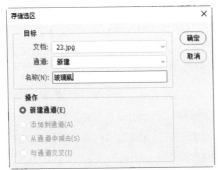

图3-79

◆ 2. 载入选区

**命令**："选择>载入选区"菜单命令 **作用**：将存储的选区重新载入图像中

将选区存储起来以后，选择"选择>载入选区"菜单命令，Photoshop会弹出"载入选区"对话框，如图3-80所示，在其"文档"的下拉列表中选择保存的选区，在"通道"下拉列表中选择存储的通道的名称，在"操作"选项组中单击"新建选区"单选按钮，再单击"确定"按钮，即可载入选区。

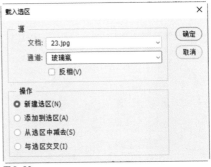

图3-80

> 💡**小提示**
>
> 如果要载入单个图层的选区，可以按住 Ctrl 键单击该图层的缩览图。

### 3.3.7 变换选区

**命令**："选择>变换选区"菜单命令 **作用**：对选区进行移动、旋转、缩放等操作 **快捷键**：Alt+S+T

图3-81所示为创建选区，选择"选择>变换选区"菜单命令或按快捷键Alt+S+T，可以对选区进行移动、旋转、缩放等操作，图3-82~图3-84所示分别是移动、旋转和缩放选区。

 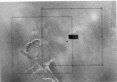

图3-81                    图3-82

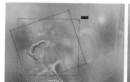

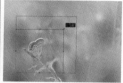

图3-83 　　　　　　　　　图3-84

　　在选区变换状态下，在画布中单击鼠标右键，在弹出的菜单中还可以选择其他变换方式，如图3-85所示。

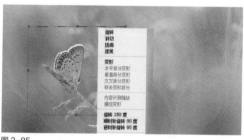

图3-85

# 3.4 选区的修改

★ 指导学时：15分钟

　　选区的修改包括创建边界选区、平滑选区、扩展与收缩选区和羽化选区等，熟练掌握这些操作对于快速选择需要的选区非常重要。

## 3.4.1 随学随练：制作阳光照射效果

| 实例位置 | 实例文件 >CH03> 随学随练：制作阳光照射效果 .psd |
|---|---|
| 素材位置 | 素材文件 >CH03> 草地 .jpg、叶子 .psd、鹿 .psd |
| 视频名称 | 制作阳光照射效果 .mp4 |
| 技术掌握 | 羽化功能的使用 |

　　本案例主要针对选区的羽化功能进行练习，使用羽化功能制作出自然的贴图效果，如图3-86所示。

图3-86

01 打开"素材文件 >CH03> 草地 .jpg"图像文件，如图 3-87 所示，准备在该图像中绘制出阳光照射效果。

02 新建一个图层，得到"图层 1"，选择"多边形套索工具" ，在图像中绘制多个细长的四边形选区，如图 3-88 所示。

图3-87 　　　　　　　　　图3-88

03 在选区中单击鼠标右键，在弹出的菜单中选择"羽化"命令，打开"羽化选区"对话框，设置"羽化半径"为 10 像素，单击"确定"按钮，得到羽化选区效果，如图 3-89 所示。

04 设置前景色为白色，按快捷键 Alt+Delete 填充选区，然后按快捷键 Ctrl+D 取消选区，效果如图 3-90 所示。

图3-89 　　　　　　　　　图3-90

05 选择"橡皮擦工具" ，缩小画笔，在选项栏中设置"不透明度"为 20%，对羽化图像做适当的擦除，效果如图 3-91 所示。

06 使用"多边形套索工具" 在图像中绘制多个细长的选区，羽化后填充颜色为白色，并使用"橡皮擦工具" 做适当的擦除，效果如图 3-92 所示。

图3-91

图3-92

图3-96　　　　　　　　　　图3-97

07 打开"素材文件 >CH03> 鹿 .psd"图像文件，使用"移动工具" ➕ 将其拖曳到当前编辑的图像中，按快捷键 Ctrl+J 复制一次鹿图像，并适当调整图像大小，放到草地中，然后将"图层 1"中的光线图像放到图层最上方，如图 3-93 所示。

图 3-93

09 新建一个图层，设置前景色为橘黄色（R:255，G:224，B:100），填充选区，如图 3-98 所示，然后在"图层"面板中设置该图层的混合模式为"柔光"，效果如图 3-99 所示。

图3-98

图3-99

10 打开"素材文件 >CH07> 叶子 .psd"图像文件，使用"移动工具" ➕ 将其拖曳到当前编辑的图像中，效果如图 3-100 所示。

图3-100

**小提示**

如果将素材图像直接拖入编辑的图像中，将会得到智能对象。那么，在对图像进行处理的时候，如果图像是智能对象，则有部分图像不能对其进行处理，图 3-94 中标记处的小图标就是智能对象缩览图。

图 3-94

这时可以使用鼠标右键单击该图层，在弹出的菜单中选择"栅格化图层"，如图 3-95 所示，就可以对图像进行处理了。

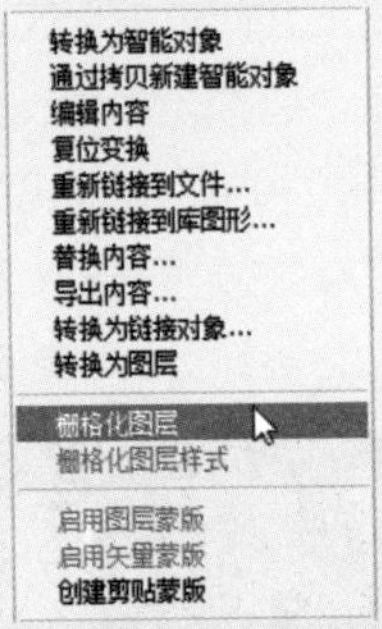

图 3-95

08 选择"套索工具" ⭕，在画面中手绘一个自由选区，如图 3-96 所示，选择"选择 > 修改 > 羽化"菜单命令，打开"羽化"对话框，设置"羽化半径"为 50 像素，单击"确定"按钮，得到羽化选区，如图 3-97 所示。

### 3.4.2 选区的基本修改方法

选择"选择>修改"菜单命令，弹出如图3-101所示的菜单，使用这些命令可以对选区进行编辑。

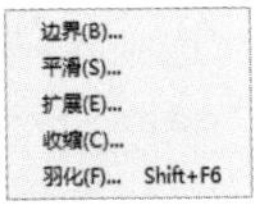

图 3-101

◆ 1. 创建边界选区

**命令：**"选择>修改>边界"菜单命令　**作用：**将选区的边界向内或向外进行扩展

创建选区，如图3-102所示，然后选择

"选择>修改>边界"菜单命令，可以在弹出的"边界选区"对话框中将选区向两边扩展，扩展后的选区边界将与原来的选区边界形成新的选区，如图3-103所示。

图3-102 图3-103

◆ 2. 平滑选区

**命令**："选择>修改>平滑"菜单命令 **作用**：将选区进行平滑处理

创建选区，如图3-104所示，然后选择"选择>修改>平滑"菜单命令，可以在弹出的"平滑选区"对话框中进行设置，将选区做平滑处理，如图3-105所示。

图3-104 图3-105

◆ 3. 扩展与收缩选区

**命令**："选择>修改>扩展"菜单命令 **作用**：将选区向外扩展

**命令**："选择>修改>收缩"菜单命令 **作用**：将选区向内收缩

创建选区，如图3-106所示，然后选择"选择>修改>扩展"菜单命令，可以在弹出的"扩展选区"对话框中进行设置，将选区向外扩展，如图3-107所示。

图3-106 图3-107

如果要向内收缩选区，可以选择"选择>修改>收缩"菜单命令，然后在弹出的"收缩选区"对话框中设置相应的"收缩量"数值即可，如图3-108所示。

图3-108

◆ 4. 羽化选区

**命令**："选择>修改>羽化"菜单命令 **作用**：通过建立选区和选区周围像素之间的转换边界来模糊边缘 **快捷键**：Shift+F6

羽化选区是通过建立选区和选区周围像素之间的转换边界来模糊边缘，这种模糊方式将丢失选区边缘的一些细节。

可以先使用选框工具、套索工具等其他选区工具创建出选区，如图3-109所示，然后选择"选择>修改>羽化"菜单命令或按快捷键Shift+F6，在弹出的"羽化选区"对话框中设置选区的"羽化半径"，图3-110所示是设置"羽化半径"为12像素后的图像效果。

图3-109

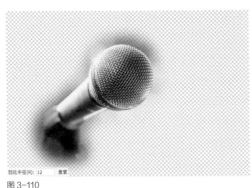

图 3-110

💡 小提示

在羽化选区时，如果设置的"羽化"数值过大，以至于任何像素都不大于 50% 选择，Photoshop 就会弹出一个警告对话框，提醒用户羽化后的选区将不可见（选区仍然存在），如图 3-111 所示。

图 3-111

## 3.5 其他常用选择命令

★ 指导学时：15分钟

使用"色彩范围"命令可以根据图像中的某一颜色区域进行选择创建选区，"描边选区"是指沿已绘制或已存在的选区边缘创建边框效果。

### 3.5.1 随学随练：为广告艺术字制作描边效果

实例位置　实例文件 >CH03> 随学随练：为广告艺术字制作描边效果 .psd
素材位置　素材文件 >CH03> 爱心背景 .jpg、艺术字 .psd
视频名称　为广告艺术字制作描边效果 .mp4
技术掌握　描边命令的使用

本案例主要针对"描边选区"命令的用法进行练习，为文字添加描边效果，如图3-112所示。

图 3-112

01 打开"素材文件 >CH03> 爱心背景 .jpg"文件，如图 3-113 所示。

02 打开"素材文件 >CH03> 艺术字 .psd"文件，使用"移动工具" 分别将文字和爱心气球拖曳到当前编辑的图像中，如图 3-114 所示。

图 3-113 　　　　图 3-114

03 选择艺术字所在的图层，然后按住 Ctrl 键的同时单击该图层缩览图得到选区，如图 3-115 所示。

图 3-115

04 选择"编辑 > 描边"菜单命令，然后在弹出的"描边"对话框中设置"宽度"为12像素、"颜色"为白色、"位置"为"居外"，如图 3-116 所示。

图 3-116

05 新建一个图层，并将其调整到艺术文字图层下方，再次载入文字选区，按快捷键 Shift+F6

打开"羽化选区"对话框，设置"羽化半径"为15像素，然后填充颜色为深红色（R:141，G:29，B:34），如图3-117所示。

图3-117

### 3.5.2 色彩范围

使用"色彩范围"命令可根据图像的颜色范围创建选区，与"魔棒工具" 比较相似，但是该命令提供了更多的控制选项，因此该命令的选择精度也要高一些。

任意打开一张素材图，如图3-118所示，选择"选择>色彩范围"菜单命令，打开"色彩范围"对话框，如图3-119所示。

图3-118          图3-119

**"色彩范围"对话框选项介绍**

● 选择：用来设置选区的创建方式。选择"取样颜色"选项时，鼠标指针会变成 状，将其放置在画布中的图像上，或在"色彩范围"对话框中的预览图像上单击，可

以对颜色进行取样，如图3-120所示；选择"红色""黄色""绿色""青色"等选项时，可以选择图像中特定的颜色，如图3-121所示；选择"高光""中间调""阴影"选项时，可以选择图像中特定的色调，如图3-122所示；选择"肤色"选项时，可以选择与皮肤相近的颜色；选择"溢色"选项时，可以选择图像中出现的溢色，如图3-123所示。

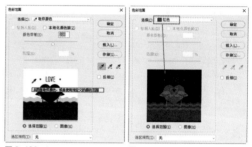
图3-120          图3-121

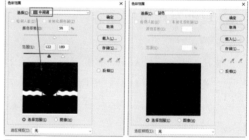
图3-122          图3-123

● 颜色容差：用来控制颜色的选择范围。数值越高，包含的颜色越多，如图3-124所示；数值越低，包含的颜色越少，如图3-125所示。

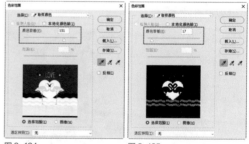
图3-124          图3-125

● 选区预览图：选区预览图下面包含"选择范围"和"图像"两个选项。当勾选"选择范

围"选项时，预览区域中的白色代表被选择的区域，黑色代表未被选择的区域，灰色代表被部分选择的区域（即有羽化效果的区域），如图3-126所示；当勾选"图像"选项时，预览区内会显示彩色图像，如图3-127所示。

图3-126　　　　　　　图3-127

### 3.5.3 描边选区

**命令：**"编辑>描边"菜单命令　**作用：**在选区、路径或图层周围创建任意颜色的边框　**快捷键：**Alt+E+S

使用"描边"命令可以在选区、路径或图层周围创建任意颜色的边框。打开一张素材图，并创建出选区，如图3-128所示，然后选择"编辑>描边"菜单命令或按快捷键Alt+E+S，打开"描边"对话框，如图3-129所示。

图3-128　　　　　　　图3-129

**"描边"对话框选项介绍**

- **描边：**该选项组主要用来设置描边的宽度和颜色，图3-130和图3-131所示分别是不同"宽度"和"颜色"的描边效果。

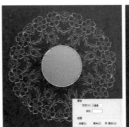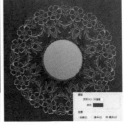

图3-130　　　　　　　图3-131

- **位置：**设置描边相对于选区的位置，包括"内部""居中""居外"3个选项，如图3-132~图3-134所示。

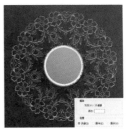

图3-132

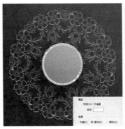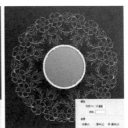

图3-133　　　　　　　图3-134

- **混合：**用来设置描边颜色的混合模式和不透明度。如果勾选"保留透明区域"选项，则只对包含像素的区域进行描边。

### 3.6 扩展练习

通过对这一章内容的学习，相信读者对选区的作用、选区的基本操作及选区的修改等有了深入的了解，下面通过两个扩展练习来巩固本章所学的知识。

**扩展练习：制作漂流瓶**

| | |
|---|---|
| 实例位置 | 实例文件 >CH03> 扩展练习：制作漂流瓶 .psd |
| 素材位置 | 素材文件 >CH03> 海滩 .jpg、瓶子 .psd、童话世界 .jpg |
| 视频名称 | 制作漂流瓶 .mp4 |
| 技术掌握 | 运用"羽化"命令羽化图像边缘 |

本练习运用选区的"羽化"命令将图像

边缘进行羽化，使图像与瓶身自然地融合在一起，如图3-135所示。

图 3-135

01 打开"素材文件 >CH03> 海滩 .jpg 和瓶子 .psd"文件，使用"移动工具"将瓶子图像拖曳到海滩图像中，并调整图像大小和位置，如图3-136所示。

02 打开"童话世界 .jpg"文件，调整大小和角度后，使用"套索工具"绘制选区，如图 3-137所示。

图 3-136                图 3-137

03 将选区反向，然后进行羽化，接着删除选区内容，并设置图层混合模式为"正片叠底"，效果如图 3-138 所示。

图 3-138

## 扩展练习：为图像添加月亮

| 实例位置 | 实例文件 >CH03> 扩展练习：为图像添加月亮 .psd |
|---|---|
| 素材位置 | 素材文件 >CH03> 老人与小孩 .jpg |
| 视频名称 | 为图像添加月亮 .mp4 |
| 技术掌握 | 羽化选区 |

本练习将通过绘制选区、减选选区和填充选区得到月亮外形，再为选区应用羽化，得到朦胧的图像效果，如图3-139所示。

图 3-139

01 打开"素材文件 >CH03> 老人与小孩 .jpg"文件，选择"椭圆选框工具"，在图像右上方绘制圆形选区，然后通过减选的形式绘制另一个圆形选区，如图 3-140 所示。

02 适当羽化选区并进行填充，如图 3-141 所示。

图 3-140                图 3-141

03 再次羽化选区并填充，得到更加朦胧的填充效果，如图 3-142 所示。

04 取消选区，适当缩小月亮图像，放到画面右上方，如图 3-143 所示。

图 3-142                图 3-143

第 4 章

# 绘画和图像修饰

**本章导读**

使用 Photoshop 的绘制工具不仅能够绘制出多风格
插画，而且还能自定义画笔，绘制出各种纹理的图像，
同时也能轻松地将带有缺陷的照片进行美化处理。

**本章学习任务**

颜色的设置与填充

画笔工具组

图像修复工具组

图像擦除工具组

图像润饰工具组

Photoshop

## 4.1 颜色的设置与填充

★ 指导学时：30分钟

任何图像都离不开颜色，使用Photoshop的画笔、文字、渐变、填充、蒙版和描边等工具修饰图像时，都需要设置和填充相应的颜色。Photoshop中提供了很多种选取和填充颜色的方法。

### 4.1.1 随学随练：制作产品发布会背景图

| | |
|---|---|
| 实例位置 | 实例文件 >CH04> 随学随练：制作产品发布会背景图 .psd |
| 素材位置 | 素材文件 >CH04> 光影 .psd、文字 .psd |
| 视频名称 | 制作产品发布会背景图 .mp4 |
| 技术掌握 | 颜色的设置与渐变色的编辑方法 |

本案例主要是练习在工具箱中设置前景色和背景色，以及使用"渐变工具"编辑渐变颜色并进行填充，效果如图4-1所示。

图4-1

⬚ 选择"文件 > 新建"菜单命令，打开"新建文档"对话框,设置文件名称为"产品发布会背景图"，宽度和高度分别为 10 厘米和 6.6 厘米，分辨率为 300 像素 /英寸，如图 4-2 所示。

图4-2

⬚ 选择工具箱中的"渐变工具" ▣，然后单击选项栏中的"线性渐变"按钮▣，再单击左侧的渐变色条，打开"渐变编辑器"对话框，如图 4-3 所示。

图4-3

⬚ 双击对话框中渐变色条左侧的色标，如图 4-4所示，打开"拾色器（色标颜色）"对话框，设置颜色为蓝色（R:3，G:37，B:152），如图 4-5所示，然后单击右侧的色标，设置颜色为较深的蓝色，最后单击"确定"按钮即可回到"渐变编辑器"对话框中。

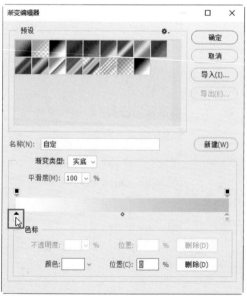

图4-4

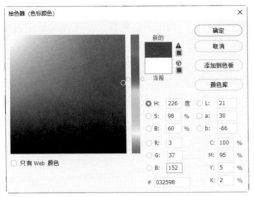

图4-5

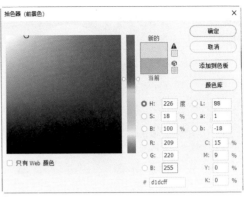

图4-10

04 设置完成后单击"确定"按钮，回到画面中，在图像上方按住鼠标左键向下拖曳，得到线性渐变填充效果，如图 4-6 所示。

05 打开"素材文件 >CH04> 光影 .psd"文件，使用"移动工具" ⊕ 分别将两个素材图像拖曳到当前编辑的图像中，放到如图 4-7 所示的位置。

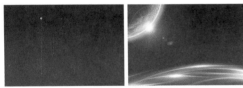

图4-6　　　　　　图4-7

06 单击"图层"面板底部的"创建新图层"按钮 ⊡ ，新建一个图层，选择"椭圆选框工具" ○ ，按住 Shift 键在图像中绘制一个圆形选区，如图 4-8 所示。

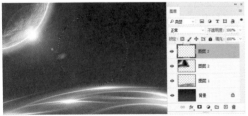

图4-8

07 单击工具箱底部的前景色图标，如图 4-9 所示，打开"拾色器 ( 前景色 )"对话框，在其中设置前景色为淡蓝色 ( R:209，G:220，B:255 )，如图 4-10 所示。

图4-9

08 单击"确定"按钮，按快捷键 Alt+Delete 使用前景色填充选区，如图 4-11 所示。

图4-11

09 使用"移动工具" ⊕ 将其放到画面右上方，然后在"图层"面板中设置图层的不透明度为 10%，效果如图 4-12 所示。

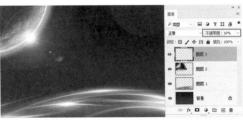

图4-12

10 新建一个图层，使用"椭圆选框工具" ○ 再绘制一个圆形选区，然后按 D 键，设置前景色为黑色、背景色为白色，接着按快捷键 Ctrl+Delete 填充选区为背景色，如图 4-13 所示。

图4-13

⑪ 在"图层"面板中设置白色圆形图层的不透明度为5%，得到透明圆形效果，如图4-14所示。

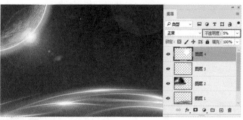

图4-14

⑫ 使用相同的方法绘制两个较小的圆形，放到画面右上方，填充颜色为白色，并降低图层的不透明度，效果如图4-15所示。

⑬ 打开"素材文件 >CH07> 文字 .psd"文件，使用"移动工具" ⊞ 分别将文字拖曳到当前编辑的图像中，参照如图4-16所示的样式排列，完成本实例的制作。

图4-15　　　　　图4-16

## 4.1.2 设置前景色与背景色

　　Photoshop工具箱的底部有一组前景色和背景色设置按钮，如图4-17所示。默认情况下，前景色为黑色，背景色为白色。

默认前景色和背景色　　　　　切换前景色和背景色
前景色　　　　　　　　　　　背景色
图4-17

### "前/背景色设置"工具介绍

● **前景色**：单击前景色图标，可以在弹出的"拾色器（前景色）"对话框中选取一种颜色作为前景色，如图4-18所示。

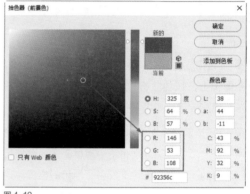

图4-18

● **背景色**：单击背景色图标，可以在弹出的"拾色器（背景色）"对话框中选取一种颜色作为背景色，如图4-19所示。

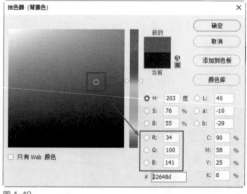

图4-19

● **切换前景色和背景色**：单击"切换前景色和背景色"图标 ⤵，可以切换所设置的前景色和背景色（快捷键为X键），如图4-20所示。

● **默认前景色和背景色**：单击"默认前景色和背景色"图标 ▣，可以恢复默认的前景色和背景色（快捷键为D键），如图4-21所示。

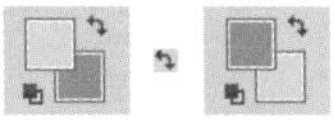

图 4-20 　　　　　　　图 4-21

在 Photoshop 中，前景色通常用于绘制图像、填充和描边选区等，如图 4-22 所示；背景色常用于生成渐变填充或填充图像中已抹除的区域，如图 4-23 所示。

以内的平均颜色。其他选项以此类推。

- **样本：**可以从"当前图层""当前和下方图层""所有图层""所有无调整图层""当前和下一个无调整图层"中采集颜色。

- **显示取样环：**勾选该选项后，可以在拾取颜色时显示取样环，如图 4-27 所示。

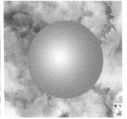

图 4-22　　　　　　　图 4-23

> 💡 **小提示**
>
> 一些特殊滤镜也需要使用前景色和背景色，如"纤维"滤镜和"云彩"滤镜等。

图 4-27

> 💡 **小提示**
>
> 默认情况下，"显示取样环"选项处于不可用状态，需要启用"使用图形处理器"功能才能勾选"显示取样环"选项。选择"编辑 > 首选项 > 性能"菜单命令，打开"首选项"对话框，然后在"图形处理器设置"选项组下勾选"使用图形处理器"选项，如图 4-28 所示。开启"使用图形处理器"功能后，重启 Photoshop 就可以勾选"显示取样环"选项了。
>
>
>
> 图 4-28

### 4.1.3　用"吸管工具"设置颜色

使用"吸管工具" 可以在打开图像的任何位置采集色样来作为前景色或背景色（按住 Alt 键可以吸取背景色），如图 4-24 和图 4-25 所示，其选项栏如图 4-26 所示。

图 4-24　　　　　　　图 4-25

图 4-26

#### "吸管工具"选项介绍

- **取样大小：**设置吸管取样范围的大小。选择"取样点"选项时，可以选择像素的精确颜色；选择"3×3 平均"选项时，可以选择所在位置 3 个像素区域以内的平均颜色；选择"5×5 平均"选项时，可以选择所在位置 5 个像素区域

### 4.1.4　渐变工具

使用"渐变工具" 可以在整个文档或选区内填充渐变色，并且可以创建多种颜色间的混合效果，其选项栏如图 4-29 所示。"渐变工具" 的应用非常广泛，它不仅可以填充图像，还可以用来填充图层蒙版、快速蒙版和通道等，是一种使用频率较高的工具。

图 4-29

#### "渐变工具"选项介绍

- **选择可编辑渐变 ：**显示了当前的渐变颜

色，单击右侧的 ![渐变图标] 图标，可以打开"渐变"拾色器，如图4-30所示。如果直接单击"点按可编辑渐变"按钮 ![渐变按钮]，则会弹出"渐变编辑器"对话框，在该对话框中可以编辑渐变颜色，或者保存渐变等，如图4-31所示。

图4-30

图4-31

- **渐变类型**：激活"线性渐变"按钮 ![图标]，可以以直线方式创建从起点到终点的渐变，如图4-32所示；激活"径向渐变"按钮 ![图标]，可以以圆形方式创建从起点到终点的渐变，如图4-33所示；激活"角度渐变"按钮 ![图标]，可以围绕起点以逆时针扫描方式创建渐变，如图4-34所示；激活"对称渐变"按钮 ![图标]，可以使用均衡的线性渐变在起点的任意一侧创建渐变，如图4-35所示；激活"菱形渐变"按钮 ![图标]，可以以菱形方式从起点向外产生渐变，终点定义菱形的一个角，如图4-36所示。

图4-32

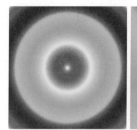

图4-33　　　　　　　　　图4-34

图4-35　　　　　　　　　图4-36

- **模式**：用来设置应用渐变时的混合模式。

- **不透明度**：用来设置渐变色的不透明度。

- **反向**：转换渐变中的颜色顺序，得到反方向的渐变结果，图4-37和图4-38所示分别是正常渐变和反向渐变效果。

图4-37　　　　　　　　　图4-38

💡 小提示

需要特别注意的是，"渐变工具" ![图标] 不能用于位图或索引颜色图像。在切换颜色模式时，有些方式观察不到任何渐变效果，此时就需要将图像再切换到可用模式下进行操作。

### 4.1.5　油漆桶工具

使用"油漆桶工具" ![图标] 可以在图像中填充前景色或图案，其选项栏如图4-39所示。如果创建了选区，填充的区域为当前选区；如果没有创建选区，填充的就是与鼠标单击处颜色相近的区域。

图 4-39

**"油漆桶工具"选项介绍**

- **设置填充区域的源**：选择填充的模式，包括"前景"和"图案"两种模式。

- **模式**：用来设置填充内容的混合模式。

- **不透明度**：用来设置填充内容的不透明度。

- **容差**：用来定义必须填充像素的颜色的相似程度。设置较低的"容差"值，会填充颜色范围内与鼠标单击处像素非常相似的像素；设置较高的"容差"值，会填充更大范围的像素。

- **消除锯齿**：用于平滑填充选区的边缘。

- **连续的**：勾选该选项后，只填充图像中处于连续范围内的区域；关闭该选项后，可以填充图像中的所有相似像素。

- **所有图层**：勾选该选项后，可以对所有可见图层中的合并颜色数据填充像素；关闭该选项后，仅填充当前选择的图层。

## 4.2 画笔工具组

★ 指导学时：30分钟

　　使用Photoshop的绘制工具不仅能绘制出传统意义上的插画，也能对数码相片进行美化处理，同时还能为数码相片制作各种特效。Photoshop中的画笔工具组包括"画笔工具"、"铅笔工具"、"颜色替换工具"和"混合器画笔工具"，其中前3种工具较为常用。

### 4.2.1 随学随练：制作魔法书

| 实例位置 | 实例文件 >CH04> 随学随练：制作魔法书 .psd |
| --- | --- |
| 素材位置 | 素材文件 >CH04> 拿书的女孩 .jpg、光 .psd |
| 视频名称 | 制作魔法书 .mp4 |
| 技术掌握 | "画笔设置"面板的设置 |

　　本案例主要针对"画笔设置"面板中各选项的设置方法进行练习，再使用"画笔工具"绘制出魔法光照效果，如图4-40所示。

图 4-40

**01** 打开"素材文件 >CH04>拿书的女孩 .jpg"文件，使用"多边形套索工具"在图像中绘制一个多边形选区作为发光区域，如图 4-41 所示。

图 4-41

**02** 选择工具箱中的"画笔工具"，然后单击属性左侧的按钮，打开"画笔设置"面板，选择画笔样式为"圆形素描圆珠笔"，设置"大小"为 10 像素、"间距"为 343%，如图 4-42 所示。

图 4-42

**03** 在"画笔设置"面板左侧选择"形状动态"选项，设置"大小抖动"为 100%，如图 4-43 所示；再选择面板左侧的"散布"选项，勾选"两轴"复选框，并设置参数为 1000%、数量为 1，如图4-44 所示。

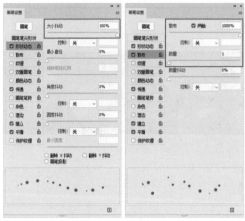

图 4-43　　　　　　　　　图 4-44

**04** 新建一个图层，分别设置前景色为淡黄色（R:255，G:254，B:194）和淡粉色（R:255，G:235，B:198），在选区中绘制出发光点图像，如图 4-45 所示。

图 4-45

**05** 按快捷键 Ctrl+D 取消选区。在"画笔设置"面板中选择"画笔笔尖形状"，调整"间距"为800%，如图 4-46 所示。

图 4-46

**06** 使用"画笔工具"在图书周围绘制一些散乱的发光点图像，如图 4-47 所示。

图 4-47

**07** 选择"图层 > 图层样式 > 外发光"菜单命令，打开"外发光"对话框，设置外发光颜色为淡蓝色（R:68，G:202，B:254），其他参数的设置如图 4-48 所示。

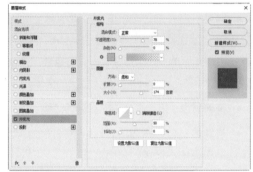

图 4-48

**08** 单击"确定"按钮，回到图像中，可以看到发光点周围呈现蓝色发光状态，如图 4-49 所示。

**09** 打开"素材文件 >CH06> 光 .psd"文件，使用"移动工具"将其拖曳到当前编辑的图像中，如图 4-50 所示。

图 4-49　　　　　　　　　图 4-50

**10** 按快捷键 Ctrl+T，将鼠标指针放到图像任意一个角外侧，即可旋转图像，然后适当调整其高度，将光图像调整到如图 4-51 所示的状态。

图 4-51

**11** 选择"橡皮擦工具"，在选项栏中设置画笔大小为 80、"不透明度"为 50%，然后对部分发光图像进行擦除，效果如图 4-52 所示。

图 4-52

12 在"图层"面板中双击该图层，打开"图层样式"对话框，勾选"外发光"样式，设置外发光颜色为淡蓝色（R:68，G:202，B:254），设置"不透明度"为 56%，图素的"方法"为"柔和"，"大小"为 24 像素，设置品质的"范围"为 50%，单击"确定"按钮，得到外发光效果，如图 4-53 所示。

图 4-53

13 在"图层"面板中调整图层的不透明度为 60%，得到更加真实的发光效果，如图 4-54 所示。

图 4-54

14 新建一个图层，选择"画笔工具" ，单击选项栏左侧的按钮，打开"画笔预设"选取器，在弹出的面板中选择"柔边圆"画笔样式，如图 4-55 所示。

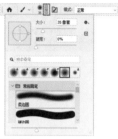

图 4-55

15 打开"画笔设置"面板，在"画笔笔尖形状"中设置间距为 414%，如图 4-56 所示，然后选择"形状动态"选项，设置"大小抖动"为 100%，如图 4-57 所示，再选择"散布"选项，勾选"两轴"复选框，并设置参数为 1000%，如图 4-58 所示。

图 4-56

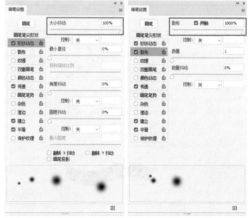

图 4-57　　　　图 4-58

16 设置前景色为白色，使用设置好的"画笔工具" ✍ 在图像中绘制出柔边圆点图像，如图 4-59 所示。

17 适当降低图层的不透明度为 50%，得到透明圆点图像，效果如图 4-60 所示。

图 4-59

图 4-60

## 4.2.2 "画笔设置"面板

在认识其他绘制工具及修饰工具之前，首先需要掌握"画笔设置"面板。"画笔设置"面板是重要的面板之一，可以设置绘画工具、修饰工具的笔刷种类、画笔大小和硬度等属性。

打开"画笔设置"面板的方法主要有以下4种。

- **第1种：**在工具箱中选择"画笔工具" ✍，然后在选项栏中单击"切换画笔面板"按钮 。

- **第2种：**选择"窗口>画笔"菜单命令。

- **第3种：**直接按F5键。

- **第4种：**在"画笔预设"面板中单击"切换画笔面板"按钮 。

打开的"画笔设置"面板如图4-61所示。

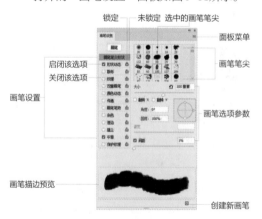
图 4-61

### "画笔设置"面板选项介绍

- **画笔** ▭▭ ：单击该按钮，可以打开"画笔"面板。

- **画笔设置：**单击画笔设置选项，可以切换到与该选项相对应的面板。

- **启用/关闭选项：**处于勾选状态的选项代表启用状态，处于未勾选状态的选项代表关闭状态。

- **锁定/未锁定：**▣图标代表该选项处于锁定状态，▣图标代表该选项处于未锁定状态。锁定与解锁操作可以相互切换。

- **选中的画笔笔尖：**显示处于选择状态的画笔笔尖。

- **画笔笔尖：**显示Photoshop提供的预设画笔笔尖。

- **面板菜单：**单击▤图标，可以打开"画笔"面板的菜单。

- **画笔选项参数：**用来设置画笔的相关参数。

- **画笔描边预览：**选择一个画笔以后，可以在预览框中预览该画笔的外观形状。

- **创建新画笔** ▯ ：将当前设置的画笔保存为一个新的预设画笔。

## 4.2.3 画笔工具

"画笔工具" ✍ 与毛笔比较相似，可以使用前景色绘制出各种线条，同时也可以利用它来修改通道和蒙版，是一种使用频率较高的工具，其选项栏如图4-62所示。

图 4-62

### "画笔工具"选项介绍

- **画笔预设选取器：**单击▤图标，可以打开"画笔预设"选取器，在这里可以选择笔尖、设置画笔的"大小"和"硬度"。

- **切换画笔面板** ☑：单击该按钮，可以打开"画笔"面板。

- **模式**：设置绘画颜色与下面现有像素的混合方法，图4-63和图4-64所示分别是使用"正常"模式和"叠加"模式绘制的笔迹效果。

图 4-63

图 4-64

- **不透明度**：设置画笔绘制出来的颜色的不透明度。数值越大，笔迹的不透明度越高，图4-65所示是设置"不透明度"值为100%时绘制的笔迹效果；数值越小，笔迹的不透明度越低，图4-66所示是设置"不透明度"值为50%时绘制的笔迹效果。

图 4-65

图 4-66

- **流量**：设置当鼠标指针移到某个区域上方时应用颜色的速率。在某个区域上方进行绘画时，如果一直按住鼠标左键，颜色量将根据流动速率增大，直至达到"100%不透明度"设置。例如，如果将"不透明度"和"流量"都设置为10%，则每次移到某个区域上方时，其颜色会以10%的比例接近画笔颜色。除非松开鼠标左键并再次在该区域上方绘画，否则总量将不会超过10%的"不透明度"。

- **启用喷枪样式的建立效果** ☑：激活该按钮以后，可以启用"喷枪"功能，Photoshop会根据鼠标左键的单击次数来确定画笔笔迹的填充数量。例如，关闭"喷枪"功能时，每单击一次会绘制一个笔迹，如图4-67所示；而启用

"喷枪"功能以后，按住鼠标左键，即可持续绘制笔迹，如图4-68所示。

图 4-67

图 4-68

> 💡 **小提示**
>
> 由于"画笔工具" ☑ 非常重要，这里总结一下在使用该工具绘画时的5点技巧。
>
> **第1点**：在英文输入法状态下，可以按 [ 键和 ] 键来减小或增大画笔尖的"大小"值。
>
> **第2点**：按快捷键 Shift+[ 和 Shift+] 可以减小和增大画笔的"硬度"值。
>
> **第3点**：按数字键 1~9 可以快速调整画笔的"不透明度"，数字1~9分别代表 10%~90% 的"不透明度"。如果要设置 100% 的"不透明度"，可以直接按 0 键。
>
> **第4点**：按住 Shift+1~9 的数字键可以快速设置"流量"值。
>
> **第5点**：按住 Shift 键可以绘制出水平、垂直的直线，或是以45°为增量的直线。

- **始终对大小使用压力** ☑：使用压感笔的压力可以覆盖"画笔"面板中的"不透明度"和"大小"设置。

> 💡 **小提示**
>
> 如果使用数位板绘画，则可以在"画笔"面板和选项栏中通过设置钢笔压力、角度、旋转或光笔轮来控制应用颜色的方式。

### 4.2.4 颜色替换工具

使用"颜色替换工具" ☑ 可以将选定的颜色替换为其他颜色，其选项栏如图4-69所示。

图 4-69

#### "颜色替换工具"选项介绍

- **模式**：选择替换颜色的模式，包括"色相""饱和度""颜色""明度"。当选择"颜色"模式时，可以同时替换色相、饱和度和明度。图4-70所示是一张原图，图4-71所示为使用"颜色"绘制的替换效果。

图 4-70 图 4-71

● **取样：**用来设置颜色的取样方式。激活"取样：连续"按钮以后，在拖曳鼠标指针时，可以更改整个图像的颜色，如图4-72所示；激活"取样：一次"按钮以后，只替换包含第1次单击的颜色区域中的目标颜色，如图4-73所示；激活"取样：背景色板"按钮以后，只替换包含当前背景色的区域，如图4-74所示。

图 4-72

图 4-73 图 4-74

● **限制：**当选择"不连续"选项时，可以替换出现在鼠标指针下任何位置的样本颜色；当选择"连续"选项时，只替换与鼠标指针下的颜色接近的颜色；当选择"查找边缘"选项时，可以替换包含样本颜色的连接区域，同时保留形状边缘的锐化程度。

● **容差：**用来设置"颜色替换工具"的容差，图4-75和图4-76所示分别是设置"容差"为20%和100%时的颜色替换效果。

图 4-75 图 4-76

● **消除锯齿：**勾选该选项以后，可以消除颜色替换区域的锯齿效果，从而使图像变得平滑。

## 4.3 图像修复工具组

★ 指导学时：40分钟

通常情况下，拍摄的数码照片经常会出现各种缺陷，使用Photoshop的图像修复工具可以轻松修复带有缺陷的照片。修复工具包括"仿制图章工具"、"图案图章工具"、"污点修复画笔工具"、"修复画笔工具"、"修补工具"和"内容感知移动工具"等，下面将介绍这几种工具的使用方法。

### 4.3.1 随学随练：去除多余的人物

| 实例位置 | 实例文件 >CH04> 随学随练：去除多余的人物 .psd |
|---|---|
| 素材位置 | 素材文件 >CH04> 玩耍的小朋友 .jpg |
| 视频名称 | 去除多余的人物 .mp4 |
| 技术掌握 | 各种修复工具的搭配运用 |

本案例主要去除图像中大树上的小孩图像，结合多种修复工具的使用，有针对性地对人物进行处理，去除多余的人物，如图4-77所示。

图 4-77

01 打开"素材文件 >CH04> 玩耍的小朋友 .jpg"文件，如图 4-78 所示，下面将使用多种修复工具清除停留在大树上的人物，只保留草地上的小男孩。

图 4-78

**02** 首先处理照片右下方的日期文字。在工具箱中选择"修补工具" ⬚，在选项栏中设置"修补"为"正常"，并选择"源"选项，如图 4-79 所示。

图 4-79

**03** 使用"修补工具" ⬚在照片右下角文字周围绘制一个选区，如图 4-80 所示。

**04** 将鼠标指针放到选区内部，按住鼠标左键向左侧的草地图像中拖曳，获取修补图像，如图 4-81 所示。

图 4-80 　　　　　　　　图 4-81

**05** 松开鼠标后，按快捷键 Ctrl+D 取消选区，即可得到修复后的图像效果，可以看到文字已经被草地图像所覆盖，并且修复得毫无痕迹，如图 4-82 所示。

图 4-82

**06** 选择"污点修复画笔工具" ⬚，在选项栏中设置合适的画笔大小，设置模式为"正常"，"类型"为"内容识别"，如图 4-83 所示。

图 4-83

**07** 设置好各选项后，在照片左侧的小女孩头部图像中按住鼠标左键拖曳，进行涂抹，如图 4-84 所示。

**08** 松开鼠标后，可以看到小女孩的头部图像已经被周围的树叶图像自动替换，如图 4-85 所示。

图 4-84　　　　　　　　图 4-85

**09** 继续涂抹她的身体和手部图像，如图 4-86 所示，松开鼠标后，得到如图 4-87 所示的图像效果。

图 4-86 　　　　　　　　图 4-87

**10** 修复图像后，可以看到周围的树叶和树干中还残留部分小女孩图像。选择"仿制图章工具" ⬚，按住 Alt 键在树叶图像中单击取样，如图 4-88 所示，然后在残留的图像处单击，将复制的图像覆盖在该处，效果如图 4-89 所示。

图 4-88　　　　　　　　图 4-89

**11** 选择"修补工具" ⬚，在选项栏中设置"修补"为"内容识别"，然后在大树右侧沿着两个女孩图像周围绘制选区，如图4-90所示。

图4-90

⑫ 将鼠标指针放到选区内，按住鼠标左键向右侧拖曳，选区内的图像将自动覆盖原有区域，如图4-91所示。

⑬ 按快捷键Ctrl+D取消选区，然后使用"仿制图章工具" ▣，按住Alt键对周围的树叶和树干等图像单击取样，将多余的图像覆盖，再适当添加一些树叶，效果如图4-92所示，完成本实例的制作。

图4-91 　　　　　　　　图4-92

## 4.3.2 仿制图章工具

使用"仿制图章工具" ▣可以将图像的一部分绘制到同一图像的另一个位置上，或绘制到具有相同颜色模式的文档的另一部分，当然也可以将一个图层的一部分绘制到另一个图层上，其工具选项栏如图4-93所示。

图4-93

### "仿制图章工具"选项介绍

● **切换仿制源面板** ▣：单击该按钮可以打开

"仿制源"面板，再次单击该按钮即可关闭面板。

● **对齐**：勾选该选项，可以连续对像素进行取样；取消勾选该选项，则每单击一次鼠标，都使用初始取样点中的样本像素，因此，每次单击都将复制对象。

"仿制图章工具" ▣对于复制对象或修复图像中的缺陷非常有用。打开需要处理的图像，图4-94所示为原图，在工具选项栏中可以设置画笔属性，然后按住Alt键，此时鼠标指针变成⊕状，单击图像中选定的位置，即可在原图像中确定要复制的参考点，如图4-95所示，将鼠标指针移动到图像的其他位置单击，反复拖曳，可以将参考点周围的图像复制到单击点周围，如图4-96所示。

图4-94

图4-95 　　　　　　　　图4-96

## 4.3.3 图案图章工具

"图案图章工具" ▣可以使用预设图案或载入的图案进行绘画，其工具选项栏如图4-97所示。

图 4-97

### "图案图章工具"选项介绍

● **对齐**：选择该选项，可以保持图案与原始起点的连续性，即使多次单击也一样，如图 4-98 所示；取消勾选该选项，则每次单击都会重新应用图案，如图 4-99 所示。

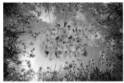

图 4-98 　　　　　　图 4-99

● **印象派效果**：勾选该选项，可以模拟出印象派效果的图案，图 4-100 和图 4-101 所示分别是正常绘画与印象派绘画效果。

图 4-100 　　　　　　图 4-101

### 4.3.4 污点修复画笔工具

使用"污点修复画笔工具" 可以消除图像中的污点和某个对象。如图 4-102 所示，图像中存在污点，单击"污点修复画笔工具" ，再在污点处单击即可修复，效果如图 4-103 所示。

图 4-102 　　　　　　图 4-103

"污点修复画笔工具" 不需要设置取样点，它可以自动从所修饰区域的周围进行取样，其选项栏如图 4-104 所示。

图 4-104

### "污点修复画笔工具"选项介绍

● **模式**：用来设置修复图像时使用的混合模式。除"正常"和"正片叠底"等常用模式以外，还有一个"替换"模式，该模式可以保留画笔描边的边缘处的杂色、胶片颗粒和纹理，图 4-105 所示是原始图像，图 4-106~图 4-110 所示是部分变化较明显的模式修复效果。

原图　　　　　　　　正常
图 4-105　　　　　　图 4-106

替换　　　　　　　　滤色
图 4-107　　　　　　图 4-108

颜色　　　　　　　　明度
图 4-109　　　　　　图 4-110

● **类型**：用来设置修复的方法。选择"近似匹配"选项时，可以使用选区边缘周围的像素来查找要用作选定区域修补的图像区域，如图 4-111 所示；选择"创建纹理"选项时，可以使用选区中的所有像素创建一个用于修复该区域的纹理，如图 4-112 所示；选择"内容识别"选

项时，可以使用选区周围的像素进行修复，如图4-113所示。

图4-111　　　　　　　　图4-112

图4-113

### 4.3.5　修复画笔工具

"修复画笔工具" ✐可以校正图像的瑕疵，与"仿制图章工具" ⧠一样，它也可以用图像中的像素作为样本进行绘制。但是，"修复画笔工具" ✐还可将样本像素的纹理、光照、透明度和阴影与所修复的像素进行匹配，从而使修复后的像素不留痕迹地融入图像的其他部分，图4-114和图4-115所示分别为修复图像前后的效果，其选项栏如图4-116所示。

图4-114　　　　　　　　图4-115

图4-116

"修复画笔工具"选项介绍

- **源：**设置用于修复像素的源。选择"取样"选

项时，可以使用当前图像的像素来修复图像；选择"图案"选项时，可以使用某个图案作为取样点。

- **对齐：**勾选该选项以后，可以连续对像素进行取样，即使释放鼠标也不会丢失当前的取样点；关闭"对齐"选项以后，则会在每次停止并重新开始绘制时使用初始取样点中的样本像素。

### 4.3.6　修补工具

"修补工具" ⧠可以利用样本或图案来修复所选图像区域中不理想的部分。如图4-117所示，选择"修补工具" ⧠，将图像中需要修补的部分框入选区，然后将选区移动到干净的区域，重复操作直至图像完全干净，效果如图4-118所示，其选项栏如图4-119所示。

图4-117　　　　　　　　图4-118

图4-119

"修补工具"选项介绍

- **修补：**包括"正常"和"内容识别"两种方式。

正常：创建选区以后，如图4-120所示，选择"源"选项，将选区拖曳到要修补的区域，松开鼠标左键就会用当前选区中的图像修补原来选中的内容，如图4-121所示；选择"目标"选项时，则会将选中的图像复制到目标区域，如图4-122所示。

图4-120

图 4-121　　　　　　　　图 4-122

内容识别：选择这种修补方式以后，可以在后面的"结构"和"颜色"数值框中设置参数，数值越大，修复精度就越高，如图4-123所示。

图 4-123

### 4.3.7　内容感知移动工具

使用"内容感知移动工具" ✄可以将选中的对象移动或复制到图像的其他地方，并重组新的图像，其选项栏如图4-124所示。

图 4-124

#### "内容感知移动工具"选项介绍

● **模式：**包括"移动"和"扩展"两种模式。

移动：用"内容感知移动工具" ✄创建选区，如图4-125所示，将选区移动到其他位置，可以将选区中的图像移动到新位置，并用选区图像填充该位置，如图4-126和图4-127所示。

图 4-125

图 4-126　　　　　　　　图 4-127

扩展：用"内容感知移动工具" ✄创建选区以后，将选区移动到其他位置，可以将选区

中的图像复制到新位置，如图4-128和图4-129所示。

图 4-128　　　　　　　　图 4-129

### 4.3.8　红眼工具

使用"红眼工具" ✆可以去除由闪光灯导致的红色反光。如图4-130所示，选择"红眼工具" ✆，在人物红眼区域单击鼠标，效果如图4-131所示，其选项栏如图4-132所示。

图 4-130　　　　　　　　图 4-131

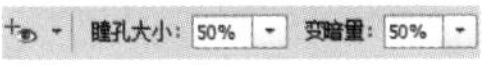

图 4-132

#### "红眼工具"选项介绍

● **瞳孔大小：**用来设置瞳孔的大小，即眼睛暗色中心的大小。

● **变暗量：**用来设置瞳孔的暗度。

> 💡 **小提示**
>
> "红眼"是由于相机闪光灯在主体视网膜上反射引起的。在光线较暗的环境中照相时，由于主体的虹膜张开得很宽，所以经常会出现"红眼"现象。为了避免出现"红眼"，除了可以在 Photoshop 中进行矫正以外，还可以使用相机的红眼消除功能来消除红眼。

## 4.4　图像擦除工具组

★ 指导学时：30分钟

图像擦除工具主要用来擦除多余的图像。Photoshop提供了3种擦除工具，分别是"橡皮擦工具" ✐、"背景橡皮擦工具" ✐和"魔术橡皮擦工具" ✐。

## 4.4.1 随学随练：制作耳机宣传广告

| | |
|---|---|
| 实例位置 | 实例文件 >CH04> 随学随练：制作耳机宣传广告 .psd |
| 素材位置 | 素材文件 >CH04> 耳机 .jpg、广告背景 .psd、线条光 .psd |
| 视频名称 | 制作耳机宣传广告 .mp4 |
| 技术掌握 | "背景橡皮擦工具"与"橡皮擦工具"的搭配运用 |

本案例首先使用"背景橡皮擦工具"  擦除背景图像，将图像抠取出来，然后使用"橡皮擦工具"对残留的背景图像再次进行擦除，效果如图4-133所示。

图4-133

01 打开"素材文件 >CH04> 耳机 .jpg"文件，如图 4-134 所示，下面将抠出画面中的耳机图像。

02 在工具箱中选择"背景橡皮擦工具" ，在选项栏中设置画笔大小为 70，选择"取样：连续"按钮，设置"容差"为 40%，在耳机图像边缘按住鼠标左键拖曳，可以擦除图像，如图 4-135 所示。

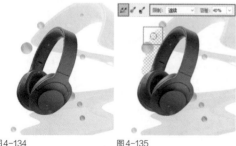

图4-134　　　　　图4-135

03 沿着耳机图像周围进行擦除，可以擦除部分图像，如图 4-136 所示。

04 在工具箱中选择"橡皮擦工具" ，在选项栏中设置画笔大小为 90，设置"不透明度"和"流量"都为 100%，在背景图像中按住鼠标左键拖曳，擦除其他背景图像，如图 4-137 所示，得到抠取出来的耳机图像。

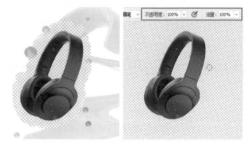

图4-136　　　　　图4-137

05 打开"素材文件 >CH04> 广告背景 .psd"文件，如图 4-138 所示，使用"移动工具"将抠出来的耳机图像拖曳到广告背景图像中，适当调整图像大小，放到画面右侧，如图 4-139 所示。

图4-138　　　　　图4-139

06 打开"素材文件 >CH04> 线条光 .psd"文件，使用"移动工具"将其拖曳过来，放到画面右侧，并设置其图层混合模式为"滤色"，如图 4-140 所示。

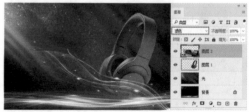

图4-140

07 选择"横排文字工具" T，在画面左侧输入
一行广告文字，并在选
项栏中设置字体为"方
正粗宋"，填充颜色为
白色，如图 4-141 所示。

图 4-141

08 在工具箱中选择"圆角矩形工具" ◯，在选
项栏中选择工具模式为"形状"，"填充"为白色，
"半径"为 50 像素，如图 4-142 所示。

图 4-142

09 选择"图层 > 图层样式 > 渐变叠加"菜单命令，
打开"图层样式"对话框，设置渐变颜色从紫
色（R:56，G:12，B:118）到玫红色（R:219，G:24，
B:197）到紫红色（R:142，G:4，B:49），其他参
数的设置如图 4-143 所示。

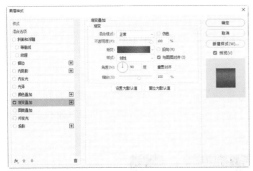

图 4-143

10 单击"确定"按钮，得到添加了渐变叠加的
图层样式效果，如图 4-144 所示。

11 按快捷键 Ctrl+J 复制一次圆角矩形，并将
其移动到右侧，如图 4-145 所示。

图 4-144　　　　　　　图 4-145

12 选择"椭圆工具" ◯，按住 Shift 键在圆角
矩形下方绘制一个圆形，并为其添加与圆角矩
形相同的图层样式，如图 4-146 所示。

13 选择"横排文字工具" T，在圆角矩形和圆
形中分别输入文字，填充颜色为白色，并在选
项栏中设置合适的字体，如图 4-147 所示。

图 4-146　　　　　　　图 4-147

14 选择"椭圆工具" ◯，在选项栏中设置"填充"
为无、描边为白色，大小为 1 像素，然后在
渐变圆形中绘制一个较小的圆形，如图 4-148
所示。

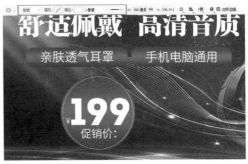

图 4-148

15 选择"圆角矩形工具" ◯，在选项栏中设置
"半径"为 10 像素，
在画面上方绘制一个白
色描边图形，然后在其
中输入文字，效果如图
4-149 所示。

图 4-149

### 4.4.2 橡皮擦工具

使用"橡皮擦工具"  可以将像素更改为背景色或透明,其选项栏如图4-150所示。如果使用该工具在"背景"图层或锁定了透明像素的图层中进行擦除,则擦除的像素将变成背景色,如图4-151所示;如果在普通图层中进行擦除,则擦除的像素将变成透明,如图4-152所示。

图 4-150

图 4-151

图 4-152

#### "橡皮擦工具"选项介绍

● **模式:** 用于选择橡皮擦的种类。选择"画笔"选项时,可以创建柔边(也可以创建硬边)擦除效果,如图4-153所示;选择"铅笔"选项时,可以创建硬边擦除效果,如图4-154所示;选择"块"选项时,擦除的效果为块状,如图4-155所示。

图 4-153

图 4-154

图 4-155

● **不透明度:** 用来设置"橡皮擦工具"  的擦除强度。设置为100%时,可以完全擦除像素。当将"模式"设置为"块"时,该选项不可用。

● **流量:** 用来设置"橡皮擦工具"  的擦除速度,图4-156和图4-157所示分别是设置"流量"为35%和100%的擦除效果。

图 4-156

图 4-157

● **抹到历史记录:** 勾选该选项以后,"橡皮擦工具"  的作用相当于"历史记录画笔工具"  。

### 4.4.3 背景橡皮擦工具

"背景橡皮擦工具"  是一种智能化的橡皮擦。设置好背景色以后,使用该工具可以在抹除背景的同时保留前景对象的边缘,如图4-158和图4-159所示,其选项栏如图4-160所示。

图 4-158

图 4-159

图 4-160

### "背景橡皮擦工具"选项介绍

● **取样：** 用来设置取样的方式。激活"取样:连续"按钮 ，在拖曳鼠标时可以连续对颜色进行取样，凡是出现在鼠标指针中心十字线以内的图像都将被擦除，如图4-161所示；激活"取样:一次"按钮 ，只擦除包含第1次单击处颜色的图像，如图4-162所示；激活"取样:背景色板"按钮 ，只擦除包含背景色的图像，如图4-163所示。

图 4-161

图 4-162

图 4-163

● **限制：** 设置擦除图像时的限制模式。选择"不连续"选项时，可以擦除出现在鼠标指针下任何位置的样本颜色；选择"连续"选项时，只擦除包含样本颜色并且相互连接的区域；选择"查找边缘"选项时，可以擦除包含样本颜色的连接区域，同时能更好地保留形状边缘的锐化程度。

● **容差：** 用来设置颜色的容差范围。

● **保护前景色：** 勾选该选项以后，可以防止擦除与前景色匹配的区域。

> 💡 **小提示**
>
> "背景橡皮擦工具"的功能非常强大，它除了可以擦除图像，还可以运用在抠图中。

#### 4.4.4 魔术橡皮擦工具

使用"魔术橡皮擦工具" 在图像中单击时，可以将所有相似的像素更改为透明（如果在已锁定了透明像素的图层中工作，这些像素将被更改为背景色），其选项栏如图4-164所示。

图 4-164

### "魔术橡皮擦工具"选项介绍

● **容差：** 用来设置可擦除的颜色范围。

● **消除锯齿：** 可以使擦除区域的边缘变得平滑。

● **连续：** 勾选该选项时，只擦除与单击点像素邻近的像素；关闭该选项时，可以擦除图像中所有相似的像素。

● **不透明度：** 用来设置擦除的强度。值为100%时，将完全擦除像素；较低的值可以擦除部分像素。

## 4.5 图像润饰工具组

★ 指导学时：30分钟

使用"模糊工具" 、"锐化工具" 和"涂抹工具" 可以对图像进行模糊、锐化和涂抹处理，使用"减淡工具" 、"加深工具" 和"海绵工具" 可以对图像局部的明暗、饱和度等进行处理。

### 4.5.1 随学随练：制作景深效果

| | |
|---|---|
| 实例位置 | 实例文件 >CH04> 随学随练: 制作景深效果 .psd |
| 素材位置 | 素材文件 >CH04> 食物 .jpg |
| 视频名称 | 制作景深效果 .mp4 |
| 技术掌握 | "模糊工具""减淡工具"与"加深工具"的搭配运用 |

本案例首先使用"模糊工具"在图像中进行处理，制作出景深图像效果，然后通过"加深和减淡工具"对图像的细节部分进行处理，使产品更有质感，如图4-165所示。

图 4-165

01 打开"素材文件 >CH04> 食物 .jpg"文件，如图 4-166 所示，下面将为图像制作景深效果。

图 4-166

02 在工具箱中选择"模糊工具" △，在选项栏中设置画笔大小为 200、模式为"正常"、"强度"为 100%，然后按住鼠标左键在图像上下两处进行涂抹，模糊部分图像，如图 4-167 所示。

图 4-167

03 选择"加深工具" ◎，在选项栏中设置画笔大小为 125、范围为"阴影"、曝光度为 50%，涂抹红色果酱玻璃瓶和黑色烤架，加深图像中的阴影部分，如图 4-168 所示。

图 4-168

04 选择"减淡工具" ◢，在选项栏中设置画笔大小为 200、范围为"高光"、曝光度为 10%，

对红色果酱玻璃瓶和黑色烤架进行涂抹，提亮图像中的高光区域，得到更具有质感的产品效果，如图 4-169 所示。

图 4-169

05 选择"横排文字工具" T，在图像右侧输入产品名称，并在选项栏中设置字体为"方正黄草简体"，填充颜色为深红色（R:92, G:8, B:23），如图 4-170 所示。

图 4-170

06 选择"图层 > 图层样式 > 描边"菜单命令，打开"图层样式"对话框，设置描边颜色为白色，其他参数的设置如图 4-171 所示。

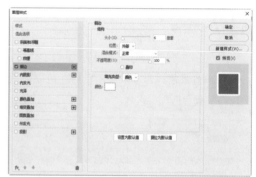

图 4-171

07 选择"图层样式"对话框左侧的"投影"选项，设置投影颜色为深红色（R:92, G:8, B:23），其他参数的设置如图 4-172 所示，单击"确定"按钮，得到添加了描边和投影的文字效果，如图 4-173 所示。

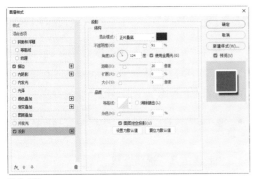

图 4-172

图 4-173

**08** 使用"横排文字工具" ⊤ 继续输入文字，并在选项栏中设置字体为"黑体"，填充颜色为深红色（R:92，G:8，B:23），然后为其添加相同的图层样式，如图 4-174 所示。

**09** 使用"多边形套索工具" ⊻ 在文字下方绘制一个多边形选区，并将其填充为深红色（R:92，G:8，B:23），如图 4-175 所示。

图 4-174 　　　　图 4-175

**10** 使用"横排文字工具" ⊤ 在多边形图像内部和下方分别输入文字，并在选项栏中设置字体为"黑体"，填充颜色为白色和深红色（R:92，G:8，B:23），如图 4-176 所示。

图 4-176

**11** 选择"圆角矩形工具" ▢，在选项栏中选择工具模式为"形状"、填充为无、描边为深红色、半径为 10 像素，在画面右上方绘制一个较小的圆角矩形，并在其中输入文字，如图 4-177 所示。

图 4-177

### 4.5.2 模糊工具

使用"模糊工具" ◖ 可以柔化硬边缘或减少图像中的细节，其选项栏如图4-178所示。使用该工具在某个区域上方绘制的次数越多，该区域就越模糊。

图 4-178

**"模糊工具"选项介绍**

- **模式**：用来设置"模糊工具" ◖ 的混合模式，包括"正常""变暗""变亮""色相""饱和度""颜色""明度"。

- **强度**：用来设置"模糊工具" ◖ 的模糊强度。

### 4.5.3 锐化工具

"锐化工具" △ 可以增强图像中相邻像素之间的对比，以提高图像的清晰度，图4-179和图4-180所示分别为锐化前后的效果，其选项栏如图4-181所示。

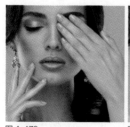

图 4-179

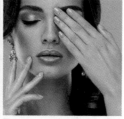

图 4-180

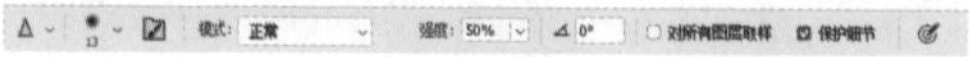

图 4-181

> 小提示
>
> “锐化工具”的选项栏只比“模糊工具”多一个“保护细节”选项。勾选该选项后，在进行锐化处理时，将对图像的细节进行保护。

## 4.5.4 涂抹工具

使用“涂抹工具”可以模拟手指划过湿油漆时所产生的效果，如图4-182和图4-183所示。使用该工具可以拾取鼠标单击处的颜色，并沿着拖曳的方向展开这种颜色，其选项栏如图4-184所示。

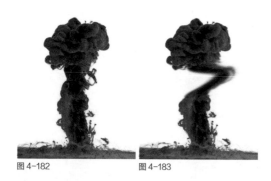

图 4-182

图 4-183

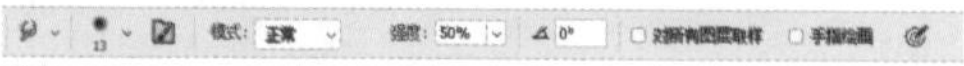

图 4-184

**“涂抹工具”选项介绍**

- **强度：** 用来设置“涂抹工具”的涂抹强度。
- **手指绘画：** 勾选该选项后，可以使用前景颜色进行涂抹绘制。

## 4.5.5 减淡工具

使用“减淡工具”可以对图像进行减淡处理，其选项栏如图4-185所示。在某个区域上方绘制的次数越多，该区域就会变得越亮。

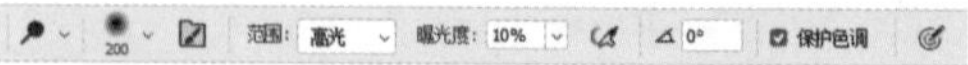

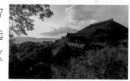

图 4-185

**“减淡工具”选项介绍**

- **范围：** 选择要修改的色调。选择“中间调”选项时，可以更改灰色的中间范围，如图4-186所示；选择“阴影”选项时，可以更改暗部区域，如图4-187所示；选择“高光”选项时，可以更改亮部区域，如图4-188所示。

图 4-186

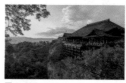

图 4-187

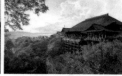

图 4-188

- **曝光度：** 可以为“减淡工具”指定曝光。数值越高，效果越明显。
- **保护色调：** 可以保护图像的色调不受影响。

## 4.5.6 加深工具

“加深工具”和“减淡工具”原理相同，但效果相反，它可以降低图像的亮度，通过加暗图像来校正图像的曝光度，其选项栏如图4-189所示。在某个区域上方绘制的次数越多，该区域就会变得越暗。

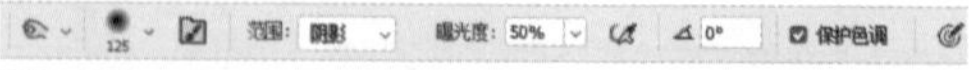

图 4-189

## 4.5.7 海绵工具

使用“海绵工具”可以精确地更改图像

中某个区域的色彩饱和度，其选项栏如图4-190所示。如果是灰度图像，该工具将通过灰阶远离或靠近中间灰色来增加或降低对比度。

图4-190

#### "海绵工具"选项介绍

● **模式**：选择"去色"选项时，可以降低色彩的饱和度；选择"加色"选项时，可以增加色彩的饱和度，如图4-191~图4-193所示。

原图
图 4-191

去色
图 4-192

加色
图 4-193

● **流量**：为"海绵工具" 指定流量。数值越大，"海绵工具" 的强度越大，效果越明显，图4-194和图4-195所示分别是设置"流量"为30%和80%时的涂抹效果。

图 4-194

图 4-195

● **自然饱和度**：勾选该选项以后，可以在增加饱和度的同时防止颜色过度饱和而产生溢色现象。

## 4.6 扩展练习

通过对这一章内容的学习，相信读者对绘画与图像的修饰都有了深入的了解，下面通过两个扩展练习来巩固前面所学到的知识。

### 扩展练习：制作彩色夜景图

| | |
|---|---|
| 实例位置 | 实例文件 >CH04> 扩展练习：制作彩色夜景图 .psd |
| 素材位置 | 素材文件 >CH04> 夜景 .jpg、金沙 .jpg |
| 视频名称 | 制作彩色夜景图 .mp4 |
| 技术掌握 | 运用渐变和混合模式改变图像色调 |

本练习使用"加深工具" 和"减淡工具" 为图像增加对比度，然后通过"渐变工具" 为图像添加绚丽的色彩，接着叠加光效，完善整体效果，如图4-196所示。

图 4-196

01 打开"夜景 .jpg"文件，分别使用"加深工具" 和"减淡工具" 对图像中的主体桥梁做加深和减淡处理，提高图像的对比度，如图 4-197 所示。

02 新建一个图层，使用"渐变工具"为图像做彩色渐变填充，然后更改混合模式为"柔光"，如图 4-198 所示。

图 4-197　　　　　图 4-198

图 4-201

图4-202

03 打开"金沙 .jpg"素材文件，然后更改混合模式，接着调整合适的角度，并适当擦除不需要的图像，最终效果如图 4-199 所示。

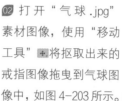

02 打开"气球 .jpg"素材图像，使用"移动工具" 将抠取出来的戒指图像拖曳到气球图像中，如图 4-203 所示。

图 4-199

图 4-203

03 打开"表白文字 .psd"素材图像，使用"移动工具" 将其拖曳到当前编辑的图像中，最终效果如图 4-204 所示。

**扩展练习：制作戒指宣传海报**

| 实例位置 | 实例文件 >CH04> 扩展练习：制作戒指宣传海报 .psd |
| --- | --- |
| 素材位置 | 素材文件 >CH04> 戒指 .jpg、气球 .jpg、表白文字 .psd |
| 视频名称 | 制作戒指宣传海报 .mp4 |
| 技术掌握 | "橡皮擦工具"和"背景橡皮擦工具"的使用 |

本练习首先使用"背景橡皮擦工具" 擦除戒指周围的背景图像，然后使用"橡皮擦工具" 擦除残留的背景图像，得到抠出的戒指图像并制作海报，如图4-200所示。

图 4-200

01 打开"戒指 .jpg"素材文件，如图 4-201 所示，使用"橡皮擦工具" 和"背景橡皮擦工具" 擦除戒指图像的背景，如图 4-202 所示。

图 4-204

第 5 章

# 图像调色

**本章导读**

在 Photoshop 中，对图像色彩和色调的控制是图像
编辑的关键，它直接关系到图像最终的效果。只有有
效地控制图像的色彩和色调，才能制作出高品质的图
像。Photoshop 提供了色彩和色调的调整功能，运
用这些功能可以快捷地调整图像的色彩与色调。

**本章学习任务**

认识图像色彩

图像的明暗调整

图像的色彩调整

图像的特殊色调调整

## 5.1 认识图像色彩

★ 指导学时：5分钟

在学习调色技法之前，首先要了解色彩的相关知识。合理地运用色彩，不仅可以让一张图像变得更加具有表现力，而且还可以带给观看者良好的心理感受。

### 5.1.1 关于色彩

色彩是光从物体反射到人的眼睛所引起的一种视觉效应。人对色彩的感觉，不仅仅由光的物理性质所决定，往往会受到周围颜色的影响。有时人们将物质产生不同颜色的物理特性直接称为颜色。

颜色主要分为色光（光源色）和物体色两种，而原色是指无法通过混合其他颜色得到的颜色，如图5-1所示。太阳、荧光灯和白炽灯等发出的光都属于光源色，光源色的三原色是红色（Red）、绿色（Green）和蓝色（Blue）；光照射到某一物体后反射或穿透显示出的颜色称为物体色，像西红柿会显示出红色是因为西红柿在所有波长的光线中只反射红色光波线，物体色的三原色是洋红（Magenta）、黄色（Yellow）和青色（Cyan）。

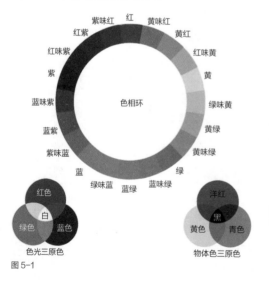

图5-1

计算机中用3种基色（红、绿、蓝）之间的相互混合来表现所有颜色，如图5-2所示。红与绿混合产生黄色，红与蓝混合产生紫色，蓝与绿混合产生青色。其中，红与青、绿与紫、蓝与黄为互补色，互补色在一起会产生视觉均衡感。

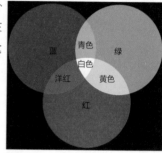

图5-2

客观世界的色彩千变万化，各不相同，但任何色彩都有色相、明度和纯度3个方面的性质，又称色彩的三要素。当色彩间发生作用时，除了色相、明度、纯度这3个基本要素以外，各种色彩彼此间会形成色调，并显现出自己的特性。因此，色相、明度、纯度、色调和色性就构成了色彩的要素。

- **色相**：色彩的相貌，是区别色彩种类的名称。

- **明度**：色彩的明暗程度，即色彩的深浅差别。明度差别即指同色的深浅变化，又指不同色相之间存在的明度差别。

- **纯度**：色彩的纯净程度，又称彩度或饱和度。某一纯净色加上白色或黑色，可以降低其纯度，或趋于柔和，或趋于沉重。

- **色调**：画面中总是由具有某种内在联系的各种色彩组成一个完整统一的整体，形成的画面色彩总的趋向就称为色调。

- **色性**：指色彩的冷暖倾向。

### 5.1.2 常用色彩模式

使用计算机处理数码照片经常会涉及"颜

色模式"这一概念。图像的颜色模式是指将某种颜色表现为数字形式的模型，或者说是一种记录图像颜色的方式。在Photoshop中，颜色模式分为位图模式、灰度模式、双色调模式、索引颜色模式、RGB颜色模式、CMYK颜色模式、Lab颜色模式和多通道模式。下面主要讲解RGB颜色模式、CMYK颜色模式和Lab颜色模式。

#### ◆ 1.RGB 颜色模式

RGB颜色模式是一种发光模式，也叫"加光"模式。RGB分别代表Red（红色）、Green（绿色）和Blue（蓝）。在"通道"面板中可以查看这3种颜色通道的状态信息，如图5-3所示。RGB颜色模式下的图像只有在发光体上才能显示出来，如显示器、电视等。该模式所包括的颜色信息（色域）有1670多万种，是一种真色彩颜色模式。

图5-3

#### ◆ 2.CMYK 颜色模式

CMYK颜色模式是一种印刷模式，也叫"减光"模式，该模式下的图像只有在印刷体上才可以观察到，如纸张。CMYK颜色模式包含的颜色总数比RGB模式少很多，所以在显示器上观察到的图像要比印刷出来的图像亮丽一些。CMY是3种印刷油墨名称的首字母，C代表Cyan（青色）、M代表Magenta（洋红）、Y代表Yellow（黄色），而K代表Black（黑色），这是为了避免与Blue（蓝色）混淆，因

此黑色选用的是Black最后一个字母K。在"通道"面板中可以查看到4种颜色通道的状态信息，如图5-4所示。

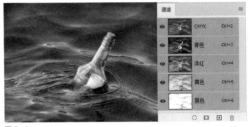

图5-4

> **小提示**
>
> 在制作需要印刷的图像时就需要用到CMYK颜色模式。将RGB图像转换为CMYK图像会产生分色现象。如果原始图像是RGB图像，那么最好先在RGB颜色模式下进行编辑，编辑结束后再转换为CMYK颜色模式。在RGB模式下，可以通过选择"视图 > 校样设置"菜单下的子命令来模拟将RGB图像转换成CMYK图像之后的效果。

#### ◆ 3.Lab 颜色模式

Lab颜色模式是由照度（L）和有关色彩的a、b这3个要素组成，L表示Luminosity（照度），相当于亮度；a表示从红色到绿色的范围；b表示从黄色到蓝色的范围，如图5-5所示。Lab颜色模式的亮度分量（L）范围是0~100，在Adobe拾色器和"颜色"面板中，a分量（绿色-红色轴）和b分量（蓝色-黄色轴）的范围是-128~+127。

图5-5

> **小提示**
>
> Lab颜色模式是最接近真实世界颜色的一种色彩模式，它同时包括RGB颜色模式和CMYK颜色模式中的所有颜色信息。

## 5.2 图像的明暗调整

★ 指导学时：30分钟

明暗调整命令主要用于调整过亮或过暗的图像。很多图像由于受外界因素的影响，会出现曝光不足或曝光过度的现象，这时就可以利用明暗调整来处理图像，以达到理想的效果。

### 5.2.1 随学随练：制作美食海报

| | |
|---|---|
| 实例位置 | 实例文件 >CH05> 随学随练：制作美食海报 .psd |
| 素材位置 | 素材文件 >CH05> 牛排 .jpg、烟 .psd、文字 .psd |
| 视频名称 | 制作美食海报 .mp4 |
| 技术掌握 | 运用"曲线""色阶""亮度 / 对比度"命令调整图像的明暗 |

本案例运用多种明暗调整命令提高图像的亮度，加深对比，使产品图像更有质感，再添加文字，制作出一张美食海报，效果如图5-6所示。

图5-6

01 选择"文件 > 新建"菜单命令，打开"新建文档"对话框，设置"宽度"和"高度"分别为 42 厘米和 60 厘米，分辨率为 300 像素 / 英寸，背景为黑色，如图5-7所示，单击"创建"按钮，得到一个新建的图像文件。

图5-7

02 打开"素材文件 >CH05> 牛排 .jpg"文件，使用"移动工具"将其拖曳到新建的图像中，如图5-8所示。

图5-8

03 使用"橡皮擦工具"适当擦除牛排图像顶部多余的颜色。选择"图像 > 调整 > 曲线"菜单命令，打开"曲线"对话框，在曲线上单击添加节点，然后按住鼠标左键向上拖曳，增加图像的亮度，如图 5-9 所示，单击"确定"按钮，即可得到调整后的图像效果，如图 5-10 所示。

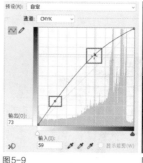

图5-9　　　　　　　　　　　图5-10

04 选择"图像 > 调整 > 色阶"菜单命令，打开"色阶"对话框，拖曳"输入色阶"下方的三角形滑块，加强高光和中间调图像的亮度，并降低阴影图像的亮度，如图 5-11 所示，单击"确定"按钮，即可得到调整后的图像效果，如图 5-12 所示。

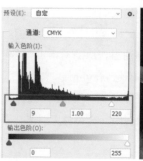

图5-11　　　　　　　　　　　图5-12

05 使用"套索工具" 框选牛排中的高光图像区域，按快捷键 Shift+F6 打开"羽化选区"对话框，设置"羽化半径"为 15 像素，如图 5-13 所示。

图 5-13

06 单击"确定"按钮，得到羽化选区。选择"图像 > 调整 > 亮度 / 对比度"菜单命令，打开"亮度 / 对比度"对话框，设置"亮度"和"对比度"均为 50，如图 5-14 所示。

图 5-14

07 打开"素材文件 >CH05> 烟 .psd"文件，使用"移动工具" 将其拖曳到当前编辑的图像中，适当调整烟雾大小，放到牛排图像上方，如图 5-15 所示。

08 打开"素材文件 >CH05> 文字 .psd"文件，使用"移动工具" 将其拖曳到新建图像中，分别放到画面上下两处，如图 5-16 所示。

图 5-15　　　图 5-16

09 新建一个图层，选择"椭圆选框工具" ，按住 Shift 键在图像上方绘制一个圆形选区，填充颜色为暗红色( R:165,G:31,B:36 )，如图 5-17 所示。

10 向右移动选区并填充，复制 3 次，得到 4 个大小相同的红色圆形，如图 5-18 所示。

图 5-17　　　　　　　　　图 5-18

11 使用"横排文字工具" 分别在圆形图像中输入文字，并在选项栏中设置字体为"方正细倩简体"，填充颜色为白色，然后在画面底部输入地址和电话等文字信息，效果如图 5-19 所示。

图 5-19

### 5.2.2 亮度 / 对比度

**命令：**"图像 > 调整 > 亮度 / 对比度"菜单命令　**作用：**调整图像的亮度和对比度

使用"亮度 / 对比度"命令可以对图像的色调范围进行简单的调整。打开一张图像，然后选择"图像 > 调整 > 亮度 / 对比度"菜单命令，打开"亮度 / 对比度"对话框，如图 5-20 所示，该命令操作简单，直接输入参数值或调整滑块即可。

图 5-20

**亮度/对比度对话框选项介绍**

- **亮度：**用来设置图像的整体亮度。数值为负值时，表示降低图像的亮度；数值为正值时，表示提高图像的亮度。

- **对比度**：用于设置图像亮度对比的强烈程度。数值越低，对比度越低；数值越高，对比度越高。

## 5.2.3 色阶

**命令**："图像>调整>色阶"菜单命令 **作用**：调整图像的明暗效果 **快捷键**：Ctrl+L

"色阶"命令是一个非常强大的颜色与色调调整命令，它可以对图像的阴影、中间调和高光强度级别进行调整，从而校正图像的色调范围和色彩平衡。另外，"色阶"命令还可以分别对各个通道进行调整，以校正图像的色彩。选择"图像>调整>色阶"菜单命令或按快捷键Ctrl+L，打开"色阶"对话框，如图5-21所示。

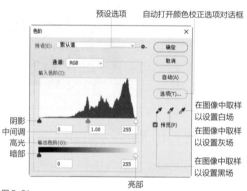

图 5-21

**"色阶"对话框选项介绍**

- **预设**：单击"预设"下拉列表，可以选择一种预设的色阶调整选项来对图像进行调整。

- **预设选项**：单击该按钮，可以对当前设置的参数进行保存，或载入一个外部的预设调整文件。

- **通道**：在"通道"下拉列表中可以选择一个通道来对图像进行调整，以校正图像的颜色。

- **吸管工具**：包括"设置黑场"吸管工具、"设置灰场"吸管工具和"设置白场"吸管工具。

选择"设置黑场"吸管工具并在图像中单击，所单击的点被定义为图像中最暗的区域，比该点暗的区域都变为黑色，比该点亮的区域相应地变暗；选择"设置灰场"吸管工具在图像中单击，可将图像中的单击选取位置的颜色定义为图像中的偏色，从而使图像的色调重新分布，可以用来处理图像的偏色；选择"设置白场"吸管工具在图像中单击，所单击的点被定义为图像中最亮的区域，比该点亮的区域都变成白色，比该点暗的区域相应地变亮。

图5-22所示为原图，打开"色阶"对话框，选择"设置黑场"吸管工具在冰川暗部图像中单击，效果如图5-23所示；选择"设置灰场"吸管工具单击图像中的中间色调区域，效果如图5-24所示；选择"设置白场"吸管工具单击冰川图像中的亮部区域，效果如图5-25所示。

图 5-22 　　　　　　　　图 5-23

图 5-24 　　　　　　　　图 5-25

- **输入色阶、输出色阶**：通过调整输入色阶和输出色阶下方相对应的滑块可以调整图像的亮度和对比度。

## 5.2.4 曲线

**命令**："图像>调整>曲线"菜单命令 **作用**：调整图像的明暗效果 **快捷键**：Ctrl+M

"曲线"命令是非常重要的调整命令，也是实际工作中使用频率很高的调整命令，它具有"亮度/对比度""阈值""色阶"等命令的功能。通过调整曲线的形状，可以对图像的色调进行非常精确的调整。打开一张图像，然后选择"曲线>调整>曲线"菜单命令或按快捷键Ctrl+M，打开"曲线"对话框，如图5-26所示。

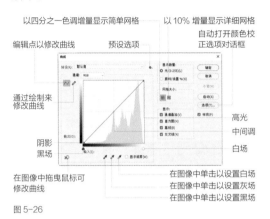

图 5-26

### "曲线"对话框选项介绍

- **预设选项**：单击该按钮，可以对当前设置的参数进行保存，或载入一个外部的预设调整文件。

- **通道**：在"通道"下拉列表中可以选择一个通道来对图像进行调整，以校正图像的颜色。

- **编辑点以修改曲线**：使用该工具在曲线上单击，可以添加新的控制点，通过拖曳控制点可以改变曲线的形状，从而达到调整图像的目的，如图5-27和图5-28所示。

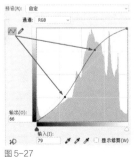

图 5-27

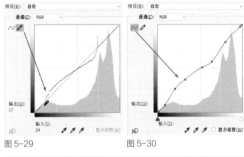

图 5-28

- **通过绘制来修改曲线**：使用该工具可以以手绘的方式自由绘制曲线，绘制好曲线以后单击"编辑点以修改曲线"按钮，可以显示出曲线上的控制点，对图像进行调整，如图5-29~图5-31所示。

图 5-29　　　　　　图 5-30

图 5-31

### 5.2.5 曝光度

**命令**："图像>调整>曝光度"菜单命令
**作用**：调整图像的曝光效果

"曝光度"命令专门用于调整HDR图像的曝光效果，它是通过在线性颜色空间（而不是当前颜色空间）执行计算而得出的曝光效果。打开一张图像，然后选择"图像>调整>曝光度"菜单命令，打开"曝光度"对话框，如图5-32所示。

图 5-32

- **曝光度**：向左拖曳滑块，可以降低曝光效果，如图5-33所示；向右拖曳滑块，可以增强曝光效果，如图5-34所示。

图 5-33 图 5-34

- **位移**：该选项主要对阴影和中间调起作用，可以使其变暗，但对高光基本不会产生影响。

- **灰度系数校正**：使用一种乘方函数来调整图像的灰度系数。

## 5.2.6 阴影 / 高光

**命令**："图像>调整>阴影/高光"菜单命令
**作用**：修复图像的亮部和暗部

"阴影/高光"命令可以基于阴影或高光中的局部相邻像素来校正每个像素，在调整阴影区域时，对高光区域的影响很小，而调整高光区域又对阴影区域的影响很小。打开一张图像，然后选择"图像>调整>阴影/高光"菜单命令，打开"阴影/高光"对话框，如图5-35所示。

图 5-35

### "阴影/高光"对话框选项介绍

- **阴影**："数量"选项用来控制阴影区域的亮度，数值越大，阴影区域就越亮。

- **高光**："数量"选项用来控制高光区域的黑暗程度，数值越大，高光区域就越暗。

## 5.3 图像的色彩调整

★ 指导学时：60分钟

常用的图像的色彩调整命令包括"色相/饱和度""通道混合器""色彩平衡"等，它们被广泛地应用于数码照片的处理上。

### 5.3.1 随学随练：打造梦幻仙境艺术照

| 实例位置 | 实例文件 >CH05> 随学随练：打造梦幻仙境艺术照 .psd |
|---|---|
| 素材位置 | 素材文件 >CH05> 森林之女 .jpg |
| 视频名称 | 打造梦幻仙境艺术照 .mp4 |
| 技术掌握 | 图像色调的调整方法 |

本案例运用多种调色命令改变图像的色调，并通过调整图层得到特殊的图像效果，制作出一张具有梦幻仙境感觉的艺术照，如图5-36所示。

图 5-36

01 打开"素材文件>CH05> 森林之女 .jpg"文件，如图5-37所示，下面将为该照片调整色调。

图 5-37

02 选择"图像 > 调整 > 色相 / 饱和度"菜单命令，打开"色相 / 饱和度"对话框，选择"蓝色"进行调整，设置"色相"为120，如图5-38所示。

图 5-38

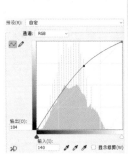

图 5-42　　　　图 5-43

03　在"色相/饱和度"对话框中选择"青色"进行调整,设置"色相"为 44、"饱和度"为 −36、"明度"为 36,如图 5-39 所示。

图 5-39

04　选择"图像 > 调整 > 照片滤镜"菜单命令,打开"照片滤镜"对话框,选择滤镜为"加温滤镜(85)"、"浓度"为 56%,如图 5-40 所示,单击"确定"按钮,图像效果如图 5-41 所示。

图 5-40　　　　图 5-41

05　下面来调整图像的明暗度。选择"图像 > 调整 > 曲线"菜单命令,打开"曲线"对话框,在曲线上方单击添加节点,并按住鼠标左键向上拖曳,如图 5-42 所示,单击"确定"按钮,得到的图像效果如图 5-43 所示。

06　单击"图层"面板底部的"创建新的填充或调整图层"按钮 ,在弹出的菜单中选择"黑白"命令,如图 5-44 所示。

图 5-44

💡 小提示

这里使用调整图层中的颜色来对图像进行操作,调整图层的具体操作方法将在第 6 章中做详细的介绍。

07　这时 Photoshop 将自动打开"属性"面板,在其中可以编辑各种颜色数值,如图 5-45 所示。图像将自动转换为黑白色调,效果如图 5-46 所示。

图 5-45　　　　图 5-46

08　在"图层"面板中自动生成一个调整图层,设置该图层的混合模式为"柔光",如图 5-47 所示。

图 5-47

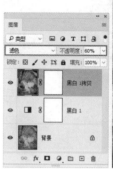

图 5-51

09 按快捷键 Shift+Ctrl+Alt+E 盖印图层，在图层最上方得到一个新的图层，如图 5-48 所示。

图 5-48

10 选择"滤镜 > 模糊 > 高斯模糊"菜单命令，打开"高斯模糊"对话框，设置"半径"为 9 像素，如图 5-49 所示，单击"确定"按钮，得到模糊图像效果，如图 5-50 所示。

图 5-49　　　　图 5-50

11 设置该图层的混合模式为"滤色"、"不透明度"为 60%，参数设置及图像效果如图 5-51 所示。

12 添加一个"黑白"调整图层，在"图层"面板中设置混合模式为"柔光"、"不透明度"为 70%，加深图像的对比度，参数设置及图像效果如图 5-52 所示。

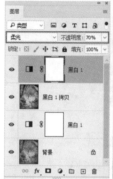

图 5-52

## 5.3.2　自然饱和度

**命令：**"图像>调整>自然饱和度"菜单命令　**作用：**调整图像的饱和度

使用"自然饱和度"命令可以快速调整图像的饱和度，并且可以在增加图像饱和度的同时防止出现溢色现象。选择"图像>调整>自然饱和度"菜单命令，打开"自然饱和度"对话框，如图 5-53 所示。

图 5-53

**"自然饱和度"对话框选项介绍**

● **自然饱和度：**向左拖曳滑块，可以降低颜色的饱和度，如图5-54所示；向右拖曳滑块，可以增加颜色的饱和度，如图5-55所示。

图 5-54

图 5-57

图 5-55

### 5.3.3 色相 / 饱和度

**命令：** "图像>调整>色相/饱和度"菜单命令　**作用：** 调整图像的色相和饱和度　**快捷键：** Ctrl+U

使用"色相/饱和度"命令可以调整整个图像或选区内图像的色相、饱和度和明度，同时也可以对单个通道进行调整，该命令也是实际工作中使用频率较高的调整命令。选择"图像>调整>色相/饱和度"菜单命令或按快捷键 Ctrl+U，打开"色相/饱和度"对话框，如图 5-58所示。

> 💡 **小提示**
>
> 调节"自然饱和度"选项，不会生成饱和度过高或过低的颜色，画面始终会保持一个比较平衡的色调，对于调节人像非常有用。

● **饱和度：** 向右拖曳滑块，可以增加所有颜色的饱和度，如图5-56所示；向左拖曳滑块，可以降低所有颜色的饱和度，如图5-57所示。

图 5-58

图 5-56

**"色相/饱和度"对话框选项介绍**

● **作用范围：** 选择"全图"时，色彩调整针对的是整个图像的色彩，也可以为要调整的颜色选取一个预设颜色范围。

- **色相**：用于调整图像的色彩倾向。在对应的文本框中输入数值或直接拖曳滑块即可改变颜色倾向，如图5-59所示。

图5-59

- **饱和度**：用于调整图像中像素的颜色饱和度。数值越大，图像颜色越浓；反之，图像颜色越淡，如图5-60和图5-61所示。

图5-60

图5-61

- **明度**：用于调整图像中像素的明暗程度。数值越大，图像越亮；反之，图像越暗，如图5-62和图5-63所示。

图5-62

图5-63

- **着色**：勾选时，可以消除图像中的黑白或彩色元素，从而将图像转化为单色调。

### 5.3.4 色彩平衡

**命令**："图像>调整>色彩平衡"菜单命令
**作用**：调整图像的色彩平衡 **快捷键**：Ctrl+B

对于普通的色彩校正，"色彩平衡"命令可以更改图像总体颜色的混合程度。打开一张图像，如图5-64所示，然后选择"图像>调整>色彩平衡"菜单命令或按快捷键Ctrl+B，打开"色彩平衡"对话框，如图5-65所示。

图5-64

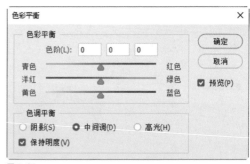

图5-65

通过调整"青色-红色""洋红-绿色""黄色-蓝色"在图像中所占的比例可以更改图像颜色，数值可以手动输入，也可以拖曳滑块进行调整。例如，向右拖曳"黄色-蓝色"滑块，可以在图像中增加蓝色，同时减少其补色黄色，如图5-66所示；向右拖曳"青色-红色"滑块，可以在图像中增加红色，同时减少其补色青色，如图5-67所示。

图 5-66

图 5-67

### 5.3.5 黑白与去色

**命 令：** "图像>调整>黑白"菜单命令
**作 用：** 对图像进行去色处理　　**快捷键：**
Alt+Shift+Ctrl+B

**命 令：** "图像>调整>去色"菜单命令
**作 用：** 对图像进行去色处理　　**快捷键：**
Shift+Ctrl+U

通过选择调整命令中的"黑白"和"去色"命令可以对图像进行去色处理，不同的是，"黑白"命令是对图像中的黑白亮度进行调整；而"去色"命令只能将图像中的色彩直接去掉，使图像保留原来的亮度。

选择"图像>调整>黑白"菜单命令，打开"黑白"对话框，如图5-68所示设置参数，得到如图5-69所示的效果；选择"图像>调整>

去色"菜单命令，为图像去色，效果如图5-70所示。

图 5-68

图 5-69　　　　　　　　图 5-70

### 5.3.6 照片滤镜

**命 令：** "图像>调整>照片滤镜"菜单命令
**作 用：** 添加彩色滤镜

使用"照片滤镜"命令可以模仿在相机镜头前面添加彩色滤镜的效果，以便调整通过镜头传输的光的色彩平衡、色温和胶片曝光。"照片滤镜"允许选取一种颜色将色相调整应用到图像中。选择"图像>调整>照片滤镜"菜单命令，打开"照片滤镜"对话框，如图5-71所示。

图 5-71

## 5.3.7 通道混合器

**命令：** "图像>调整>通道混合器"菜单命令 **作用：** 调整图像通道的颜色

使用"通道混合器"命令可以对图像的某个通道的颜色进行调整，以创建出各种不同色调的图像，同时也可以用来创建高品质的灰度图像。打开一张图像，然后选择"图像>调整>通道混合器"菜单命令，打开"通道混合器"对话框，如图5-72所示。

图5-72

**"通道混合器"对话框选项介绍**

- **输出通道：** 在下拉列表中可以选择一种通道来对图像的色调进行调整。

- **源通道：** 用来设置源通道在输出通道中所占的百分比。将一个源通道的滑块向左拖曳，可以减小该通道在输出通道中所占的百分比，如图5-73所示；向右拖曳，则可以增大该通道在输出通道中所占的百分比，如图5-74所示。

图5-73　　　　　图5-74

- **常数：** 用来设置输出通道的灰度值。负值可以在通道中增加黑色，正值可以在通道中增加白色。

- **单色：** 勾选该选项以后，可以将彩色图像转换为黑白图像。

## 5.3.8 可选颜色

**命令：** "图像>调整>可选颜色"菜单命令 **作用：** 调整图像的指定颜色

"可选颜色"命令是一个很重要的调色命令，它可以在图像中的每个主要原色成分中更改印刷色的数量，也可以有选择地修改任何主要颜色中的印刷色数量，并且不会影响其他主要颜色。打开一张图像，如图5-75所示，然后选择"图像>调整>可选颜色"菜单命令，打开"可选颜色"对话框，如图5-76所示。

图5-75

图5-76

## "可选颜色"对话框选项介绍

• **颜色**：用来设置图像中需要改变的颜色。单击下拉列表按钮，在弹出的下拉列表中选择需要改变的颜色，通过下方的青色、洋红、黄色、黑色的滑块可以对选择的颜色进行设置，设置的参数越小，颜色越淡，反之则越浓，如图5-77和图5-78所示。

图 5-77

图 5-78

• **方法**：用来设置墨水的量，包括"相对"和"绝对"两个选项。"相对"是指按照调整后总量的百分比来更改现有的青色、洋红、黄色或黑色的量，该选项不能调整纯色白光，因为它不包括颜色成分；"绝对"是指采用绝对值调整颜色。

### 5.3.9 匹配颜色

**命令**："图像>调整>匹配颜色"菜单命令
**作用**：拷贝图像色调

使用"匹配颜色"命令可以同时将两个图像更改为相同的色调，即将一个图像（源图像）的颜色与另一个图像（目标图像）的颜色匹配起来。如果希望不同图像的色调看上去一致，或者当一个图像中特定元素的颜色必须和另一个图像中某个元素的颜色相匹配时，该命令非常实用，其对话框如图5-79所示。

图 5-79

## "匹配颜色"对话框选项介绍

• **图像选项**：该选项组用于设置图像的混合选项，如明亮度、颜色混合强度等。

明亮度：用于调整图像匹配的明亮程度。数值小于100，混合效果较暗；数值大于100，混合效果较亮。

颜色强度：该选项相当于图像的饱和度。数值越低，混合后的饱和度越低；数值越大，混合后的饱和度越高。

渐隐：该选项有点类似于图层蒙版，它决定了有多少源图像的颜色匹配到目标图像的颜色中。数值越小，源图像匹配到目标图像的颜色越多；数值越大，源图像匹配到目标图像的颜色越少。

中和：勾选该选项后，可以消除图像中的偏色现象。

• **图像统计**：该选项组用于选择要混合的目标图像的源图像，以及设置源图像的相关选项。

源：用来选择源图像，即将颜色匹配到目标图像的图像。

### 5.3.10 替换颜色

**命令：** "图像>调整>替换颜色"菜单命令
**作用：** 替换图像颜色

使用"替换颜色"命令可以将选定的颜色替换为其他颜色，颜色的替换是通过更改选定颜色的色相、饱和度和明度来实现的。打开一张图像，如图5-80所示，然后选择"图像>调整>替换颜色"菜单命令，打开"替换颜色"对话框，如图5-81所示。

图5-80

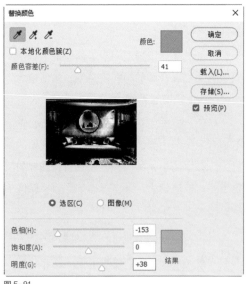

图5-81

**"替换颜色"对话框选项介绍**

● **吸管：** 使用"吸管工具" 在图像上单击，可以提取颜色，同时在"选区"缩览图中也会

显示选中的颜色区域（白色代表选中的颜色，黑色代表未选中的颜色），如图5-82所示；使用"添加到取样"工具 在图像上单击，可以将选取的颜色添加到选中的颜色中；使用"从取样中减去"工具 在图像上单击，可以将选取的颜色从选定的颜色中减去。

图5-82

● **颜色容差：** 该选项用来控制选中颜色的范围。数值越大，选中的颜色范围越广。

● **结果：** 该选项用于显示结果颜色，同时也可以用来选择替换的结果颜色。

● **色相/饱和度/明度：** 这3个选项与"色相/饱和度"命令的3个选项相同，可以调整选中颜色的色相、饱和度和明度。

### 5.3.11 色调均化

**命令：** "图像>调整>色调均化"菜单命令
**作用：** 重新分布像素的亮度值

使用"色调均化"命令可以重新分布图像中像素的亮度值，以便更均匀地呈现所有范围的亮度级（即0~255）。在使用该命令时，图像中最亮的值将变成白色，最暗的值将变成黑色，中间的值将分布在整个灰度范围内。打开一张图像，如图5-83所示，然后选择"图像>调整>色调均化"菜单命令，效果如图5-84所示。

图5-83                图5-84

## 5.4 图像的特殊色调调整

★ 指导学时：25分钟

调整图像的特殊色调时，可以运用反相、色调分离、渐变映射等命令，使图像呈现不一样的视觉效果。

### 5.4.1 随学随练：制作秋季风景版画

实例位置　实例文件 >CH05> 随学随练：制作秋季风景版画 .psd
素材位置　素材文件 >CH05> 光晕 .jpg、草场 .jpg
视频名称　制作秋季风景版画 .mp4
技术掌握　运用多种调色命令改变风景照的颜色

本案例将改变图像中的季节，将春季风景改变为秋季风景，主要练习使用"渐变映射"和"色相/饱和度"命令对图像的色调进行调整，如图5-85所示。

图5-85

01 打开"素材文件 >CH05> 草场 .jpg"图像文件，这是一张春天的图像，图像中到处都是绿草和绿树，如图 5-86 所示。

图5-86

02 选择"图层 >新建调整图层>色相/饱和度"菜单命令，进入"属性"面板，为全图调整色调，设置色相为 −34，使整个图像色调偏红，如图 5-87 所示。

图5-87

03 选择"图层 >新建调整图层 >渐变映射"菜单命令，进入"属性"面板，单击渐变色条，打开"渐变编辑器"对话框，设置渐变颜色为从橘黄色（R: 205，G:141，B:4）到淡黄色（R: 255，G:226，B:137），如图 5-88 所示。

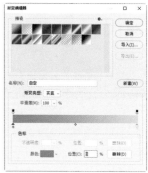

图5-88

04 单击"确定"按钮，整个画面添加了黄色调，草地和大树都变为了枯黄的颜色，如图 5-89 所示。

05 在"图层"面板中将该调整图层的混合模式设置为"柔光"，如图 5-90 所示。

图5-89　　　　　　　　　图5-90

06 选择"图层 >新建调整图层 >自然饱和度"菜单命令，进入"属性"面板，提高饱和度参数，如图 5-91 所示，使图像的色调更加浓郁，如图 5-92 所示。

图5-91　　　　　　　　　图5-92

07 选择"图层 >新建调整图层 >照片滤镜"菜单命令，进入"属性"面板，在"滤镜"下拉菜单中选择"红"，并设置"浓度"为47%，如图 5-93 所示，图像整体添加了一层较浅的红色调，如图 5-94 所示。

图5-93

图 5-94

**08** 选择"图层 > 新建调整图层 > 色调分离"菜单命令，进入"属性"面板，设置"色阶"为 4，效果如图 5-95 所示。

**09** 在"图层"面板中设置"不透明度"为 50%，如图 5-96 所示。

图 5-95

图 5-96

**10** 选择"图层 > 新建调整图层 > 阈值"菜单命令，进入"属性"面板，设置"阈值色阶"为 128，如图 5-97 所示。

图 5-97

**11** 在"图层"面板中设置图层混合模式为"柔光"、"不透明度"为 60%，如图 5-98 所示。

图 5-98

**12** 打开"素材文件 >CH05> 光晕 .jpg"图像文件，使用"移动工具"将其拖曳到当前编辑的图像中，并调整到与当前图像相同的大小，然后在"图层"面板中设置图层混合模式为"滤色"，如图 5-99 所示，图像效果如图 5-100 所示。

图 5-99

图 5-100

### 5.4.2 反相

**命令：** "图像>调整>反相"菜单命令　**作用：** 反转图像颜色　**快捷键：** Ctrl+I

使用"反相"命令可以将图像中的某种颜色转换为它的补色，即将原来的黑色变成白色，或将原来的白色变成黑色，从而创建出负片效果。打开一张图像，如图 5-101 所示，然后选择"图层>调整>反相"命令或按快捷键 Ctrl+I，即可得到反相效果，如图 5-102 所示。

图 5-101

图 5-102

### 5.4.3 色调分离

**命令：** "图像>调整>色调分离"菜单命令
**作用：** 将相近的颜色融合成块面

使用"色调分离"命令可以指定图像中

每个通道的色调级数目或亮度值，并将像素映射到最接近的匹配级别。打开一张图像，选择"图像>调整>色调分离"菜单命令，打开"色调分离"对话框，如图5-103所示。设置的"色阶"值越小，分离的色调越多；"色阶"值越大，保留的图像细节就越多。图5-104所示是应用色调分离前后的效果。

图 5-103

图 5-104

## 5.4.4 阈值

**命令：**"图像>调整>阈值"菜单命令　**作用：**将图像调整为高对比黑白图像

使用"阈值"命令可以将彩色图像或者灰度图像转换为高对比度的黑白图像。当指定某个色阶作为阈值时，所有比阈值暗的像素都将转换为黑色，而所有比阈值亮的像素都将转换为白色。

打开一个素材文件，如图5-105所示，将"背景"复制一层，然后选择"图像>调整>阈值"命令，打开"阈值"对话框，默认参数为128，如图5-106所示，图像效果如图5-107所示。单击"确定"按钮，将图层混合模式设置为"柔光"，可以得到一种类似淡彩的效果，如图5-108所示。

图 5-105 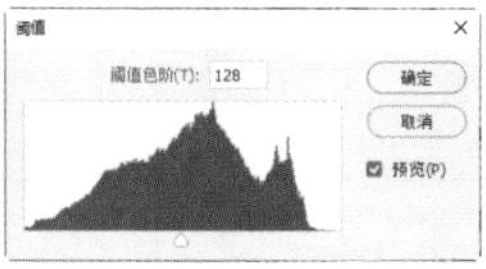　　　　图 5-106

图 5-107 　　　　图 5-108

## 5.4.5 渐变映射

**命令：**"图像>调整>渐变映射"菜单命令
**作用：**将渐变色映射到图像上

顾名思义，"渐变映射"就是将渐变映射到图像上。在映射过程中，先将图像转换为灰度图像，然后将相等的图像灰度范围映射到指定的渐变填充色。打开一张图像，如图5-109所示，然后选择"图像>调整>渐变映射"菜单命令，打开"渐变映射"对话框，勾选"反向"选项，如图5-110所示，效果如图5-111所示。

图 5-109

图 5-110　　　　图 5-111

## 5.5 扩展练习

通过对这一章内容的学习，相信读者对图像调色有了深入的了解，下面通过两个扩展练习来巩固前面所学的知识。

### 扩展练习：制作科幻电影效果

实例位置　实例文件>扩展练习：制作科幻电影效果.psd
素材位置　素材文件>CH05>城市.jpg
视频名称　制作科幻电影效果.mp4
技术掌握　科幻电影效果的调色方法

科幻电影的画面一般都比较酷炫，本练习将原图的整体色调调整为黄昏的暖色调，然后加入光效，如图5-112所示。

图 5-112

01 打开"素材文件 >CH05> 城市 .jpg"文件，如图 5-113 所示，下面将调整图像的整体色调。

02 创建一个"可选颜色"调整图层，调整图像中的黄色、青色和红色，使图像整体偏绿，如图 5-114 所示。

图 5-113　　　　　　图 5-114

03 使用"曲线"命令调整图像的明暗对比度，再添加"照片滤镜"调整图层，为其添加暖色调，使整体图像色调统一，最终效果如图5-115所示。

图 5-115

## 扩展练习：调整广告原图色调

| | |
|---|---|
| 实例位置 | 实例文件 >CH05> 扩展练习：调整广告原图色调 .psd |
| 素材位置 | 素材文件 >CH05> 指甲油 .jpg |
| 视频名称 | 调整广告原图色调 .mp4 |
| 技术掌握 | 改变图像色调，并调整明暗度 |

在做广告设计时，很多时候首次制作出来的广告画面虽然构图合适，但颜色还需要做精细的调整。本练习将调整广告画面的色调，得到更加亮丽的画面效果，如图5-116所示。

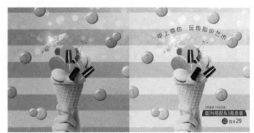

图 5-116

01 打开"素材文件>CH05> 指甲油 .jpg"文件，如图 5-117 所示，下面将调整图像的颜色，并添加广告文字。

图 5-117

02 使用"色相 / 饱和度"命令调整图像的色相，主要选择"蓝色"进行调整，如图 5-118 所示，效果如图 5-119 所示。

图 5-118　　　　　　图 5-119

03 创建一个"渐变映射"调整图层，设置其图层混合模式为"柔光"，得到明亮的图像效果，如图 5-120 所示。

04 添加广告文字，适当调整文字大小，最终效果如图 5-121 所示。

图 5-120　　　　　　图 5-121

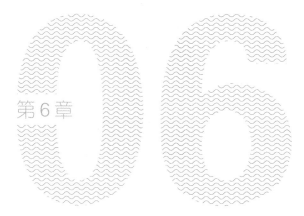

第 6 章

# 图层的应用

## 本章导读

图层是 Photoshop 中的重要组成部分，我们可以把图层想象成一张一张叠起来的透明胶片，每张透明胶片上都有不同的画面，通过改变图层的顺序和属性可以改变图像的最终效果。通过编辑图层，并配合使用它的特殊功能，可以创建出很多复杂的图像效果。

## 本章学习任务

图层的基础知识

图层的管理

图层混合模式的设置与使用

图层样式和调整图层的使用

# 6.1 认识图层

★ 指导学时：35分钟

图层是Photoshop中一个非常重要的功能。用户可以对每个图层中的对象单独进行处理，不会影响其他图层中的内容。

## 6.1.1 随学随练：制作舞蹈招生广告

| 实例位置 | 实例文件 >CH06> 随学随练：制作舞蹈招生广告 .psd |
| --- | --- |
| 素材位置 | 素材文件 >CH06> 人物和花瓣 .psd、舞字 .psd |
| 视频名称 | 制作舞蹈招生广告 .mp4 |
| 技术掌握 | 图层的基本操作 |

在Photoshop中编辑或调整图像时通常需要通过图层的操作来完成。下面通过一个简单的案例来讲解"图层"面板，以及图层的创建等基本操作，案例效果如图6-1所示。

图6-1

01 选择"文件 >新建"菜单命令，打开"新建文档"对话框，设置文件名称为"舞蹈招生广告"，"宽度"和"高度"分别为50厘米和66厘米，如图6-2所示，单击"创建"按钮，即可得到一个空白图像文件。

图6-2

02 按F7键，打开"图层"面板，可以看到该面板中自带一个背景图层。在工具箱中设置背景色为淡粉色，按快捷键Ctrl+Delete填充背景，如图6-3所示。

图6-3

03 打开"素材文件 >CH06> 人物和花瓣 .psd"文件，使用"移动工具"分别将人物和花瓣图像拖曳到新建的图像中，适当调整图像的大小和位置，如图6-4所示，这时"图层"面板中将会增加该图像图层，如图6-5所示。

图6-4

图6-5

04 在"图层"面板中选择"图层2"，并双击图层名称，将其重命名为"人物"，如图6-6所示，按 Enter 键完成操作。

图6-6

05 选择"图层1"，将其重命名为"花瓣"。然后单击"图层"面板底部的"创建新图层"按钮，得到新建的"图层1"，如图6-7所示。

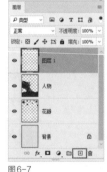

图6-7

06 选择"矩形选框工具"，在人物图像右侧绘制一个矩形选区，如图6-8所示。

07 选择"编辑 >描边"菜单命令，打开"描边"对话框，设置"宽度"为3像素、颜色为暗红色（R:180，G:6，B:17）、"位置"为"内部"，如图6-9所示。

图6-8　　　　　　　图6-9

**08** 单击"确定"按钮，得到描边效果，按快捷键 Ctrl+D 取消选区，如图 6-10 所示。

**09** 打开"素材文件 >CH06> 舞字 .psd"文件，使用"移动工具" 将其拖曳到当前编辑的图像中，放到矩形边框中，如图 6-11 所示。

图6-10　　　　　　　图6-11

**10** 新建一个图层，选择"矩形选框工具"，在矩形边框右下方绘制一个矩形选区，并填充颜色为红色（R:252，G:235，B:243），如图 6-12 所示。

**11** 选择"矩形选框工具"，按住 Shift 键在矩形边框右侧绘制两个矩形选区，然后按 Delete 键删除图像，如图 6-13 所示。

图6-12　　　　　　　图6-13

**12** 选择"横排文字工具" ，在画面右侧和下方分别输入文字，在选项栏中设置字体为不同粗细的黑体，再分别填充颜色为红色和白色，如图 6-14 所示。

**13** 选择"矩形选框工具" ，通过加选的方式在底部文字中绘制两个括号图形，并填充颜色为白色，如图 6-15 所示。

图6-14　　　　　　　图6-15

## 6.1.2 "图层"面板

"图层"面板是Photoshop中很常用的面板，主要用于创建、编辑和管理图层，以及为图层添加样式，如图6-16所示。

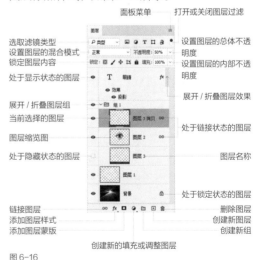

图6-16

**"图层"面板选项介绍**

● **面板菜单** ：单击该图标，可以打开"图层"面板的面板菜单，如图6-17所示。

● **选取滤镜类型**：当文档中的图层较多时，可以在该下拉列表中选择一种过滤类型，以减少图层的显示，可供选择的类型包括"类型""名称""效果""模式""属性""颜色""选定"。例如，在图6-18中，"图层2"和"图层3拷贝"两个图层被标记成了橙色，在"选区滤镜类型"下拉列表中选择"颜色"选项以后，"图层"面板中就会过滤掉标记了颜色的图层，只显示没有标记颜色的图层，如图6-19所示。

图 6-17

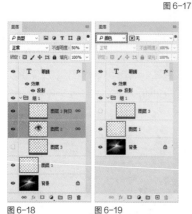

图 6-18　　　　图 6-19

● **打开或关闭图层过滤**：单击该按钮，可以开启或关闭图层的过滤功能。

● **设置图层的混合模式**：用来设置当前图层的混合模式，使其与下面的图像产生混合。

● **锁定图层内容**：这一排按钮用于锁定当前图层的某种属性，使其不可编辑。

● **设置图层的总体不透明度**：用来设置当前图层的总体不透明度。

● **设置图层的内部不透明度**：用来设置当前图层的填充不透明度。该选项与"不透明度"选项类似，但是不会影响图层样式效果。

● **展开/折叠图层效果**：单击该图标可以展开或折叠图层效果，以显示出当前图层添加的所有效果的名称。

● **当前选择的图层**：当前处于选择或编辑状态的图层。处于这种状态的图层，在"图层"面板中显示为浅蓝色的底色。

● **处于链接状态的图层**：当链接好两个或两个以上的图层以后，图层名称的右侧就会显示出链接标志。链接好的图层可以一起进行移动或变换等操作。

● **图层名称**：显示图层的名称。

● **处于锁定状态的图层**：当图层缩览图右侧显示有该图标时，表示该图层处于锁定状态。

● **链接图层**：用来链接当前选择的多个图层。

- **添加图层样式** |*fx*|: 单击该按钮, 在弹出的菜单中选择一种样式, 可以为当前图层添加一个图层样式。

- **添加图层蒙版** |▢|: 单击该按钮, 可以为当前图层添加一个蒙版。

- **创建新的填充或调整图层** |◍|: 单击该按钮, 在弹出的菜单中选择相应的命令, 即可创建填充图层或调整图层。

- **创建新组** |▤|: 单击该按钮可以新建一个图层组。

- **创建新图层** |▢|: 单击该按钮可以新建一个图层。

- **删除图层** |🗑|: 单击该按钮可以删除当前选择的图层或图层组。

### 6.1.3 新建图层

**命令**: "图层>新建>图层" 菜单命令 **作用**: 新建图层 **快捷键**: Shift+Ctrl+N

新建图层的方法有很多种, 可以在"图层"面板中创建新的普通空白图层, 也可以通过复制已有的图层来创建新的图层, 还可以将图像中的局部创建为新的图层。当然, 还可以通过相应的命令来创建不同类型的图层。下面介绍4种新建图层的方法。

#### ◆ 1. 在"图层"面板中创建图层

在"图层"面板底部单击"创建新图层"按钮 |▢|, 即可在当前图层的上一层新建一个图层, 如图6-23所示。如果要在当前图层的下一层新建一个图层, 按住Ctrl键并单击"创建新图层"按钮 |▢| 即可。

图 6-23

> 💡 **小提示**
>
> 注意, 如果当前图层为"背景"图层, 即使按住 Ctrl 键也不能在其下方新建图层。

#### ◆ 2. 用"新建"命令新建图层

如果要在创建图层的时候设置图层的属性, 可以选择"图层>新建>图层"菜单命令, 在弹出的"新建图层"对话框中设置图层的名称、颜色、混合模式和不透明度等, 如图6-24 所示。按住Alt键单击"创建新图层"按钮 |▢| 或直接按快捷键Shift+Ctrl+N, 也可以打开"新建图层"对话框。

图 6-24

> 💡 **小提示**
>
> 在"新建图层"对话框中可以设置图层的颜色, 如设置"颜色"为"黄色", 如图 6-25 所示, 那么新建出来的图层就会被标记为黄色, 这样有助于区分不同用途的图层, 如图 6-26 所示。
>
>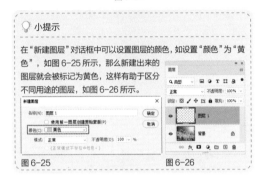
> 图 6-25　　　　　　　　　　图 6-26

#### ◆ 3. 用"通过拷贝的图层"命令创建图层

选择一个图层以后, 选择"图层>新建>通过拷贝的图层"菜单命令或按快捷键Ctrl+J, 可以将当前图层复制一份; 如果当前图像中存在选区, 如图6-27所示, 选择该命令可以将选区中的图像复制到一个新的图层中, 如图6-28所示。

图 6-27　　　　　　　　　　图 6-28

#### ◆ 4. 用"通过剪切的图层"命令创建图层

如果在图像中创建了选区, 如图6-29所示, 然后选择"图层>新建>通过剪切的图层"菜单命令或按快捷键Shift+Ctrl+J, 可以将选区内的图像剪切到一个新的图层中, 如图6-30所示。

图6-29 图6-30

### 6.1.4 背景图层的转换

在一般情况下，"背景"图层都处于锁定无法编辑的状态。因此，如果要对"背景"图层进行操作，就需要将其转换为普通图层。当然，也可以将普通图层转换为"背景"图层。

#### ◆ 1.将背景图层转换为普通图层

如果要将"背景"图层转换为普通图层，可以采用以下4种方法。

● **第1种**：在"背景"图层上单击鼠标右键，然后在弹出的菜单中选择"背景图层"命令，如图6-31所示，此时将打开"新建图层"对话框，接着单击"确定"按钮即可将其转换为普通图层，如图6-32所示。

图6-31 图6-32

● **第2种**：在"背景"图层的缩览图上双击，打开"新建图层"对话框，然后单击"确定"按钮即可。

● **第3种**：按住Alt键双击"背景"图层的缩览图，"背景"图层将直接转换为普通图层。

● **第4种**：选择"图层>新建>背景图层"菜单命令，可以将"背景"图层转换为普通图层。

#### ◆ 2.将普通图层转换为背景图层

如果要将普通图层转换为"背景"图层，可以采用以下两种方法。

● **第1种**：在图层名称上单击鼠标右键，然后在弹出的菜单中选择"拼合图像"命令，如图6-33所示，此时图层将被转换为"背景"图层，如图6-34所示。另外，选择"图层>拼合图像"菜单命令，也可以将图像拼合成"背景"图层。

图6-33 图6-34

> 💡 小提示
>
> 在使用"拼合图像"命令之后，当前所有图层都会被合并到"背景"图层中。

● **第2种**：选择"图层>新建>图层背景"菜单命令，可以将普通图层转换为"背景"图层。

## 6.2 管理图层

★ 指导学时：90分钟

用户在对图像进行编辑的过程中，往往会因为各种原因创建多个图层，这时就需要对图层进行一定的管理。下面将详细介绍管理图层的方法。

### 6.2.1 随学随练：制作美甲店海报

| 实例位置 | 实例文件>CH06>随学随练：制作美甲店海报.psd |
| --- | --- |
| 素材位置 | 素材文件>CH06>指甲油.psd、美甲.psd、其他素材.psd、花.psd、图形.psd |
| 视频名称 | 制作美甲店海报.mp4 |
| 技术掌握 | 在"图层"面板中编辑图层的方法 |

本案例主要讲解图层的各种编辑方法，包括重命名图层、标记图层颜色和链接图层等。案例效果如图6-35所示。

图 6-35

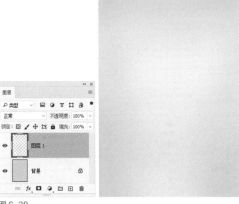

图 6-38

01 选择"文件 > 新建"菜单命令，打开"新建文档"对话框，设置文件名称为"制作美甲店海报"、"宽度"和"高度"分别为 35 厘米和 47 厘米，其他设置如图 6-36 所示，单击"创建"按钮，即可得到一个空白的图像文件，将其填充为粉红色（R:240，G:202，B:216），如图 6-37 所示。

03 打开"素材文件 >CH06> 指甲油 .psd"文件，使用"移动工具"  分别将图层 1 和图层 2 中的图像拖曳到当前编辑的图像中，这时"图层"面板中将自动增加这两个图层，如图 6-39 所示。

图 6-36　　　　图 6-37

图 6-39

02 单击"图层"面板底部的"创建新图层"按钮，新建"图层 1"。设置前景色为白色，选择"画笔工具"，在选项栏中设置画笔样式为"柔边圆"、"大小"为 250、"不透明度"为 30%，在画面中间绘制一些扩散的白色图像，使图像中间的颜色更淡，如图 6-38 所示。

04 在"图层"面板中单击"图层 1"，选择该图层，然后双击图层名称，激活名称输入框，在其中重新输入图层名称"指甲油"，如图 6-40 所示。

图 6-40

05 选择"图层2"，将其重命名为"文字"，然后按住Ctrl键选择"指甲油"和"文字"图层，单击鼠标右键，在弹出的菜单中选择"橙色"，如图6-41所示，这时图层将得到颜色标记，如图6-42所示。

图6-41　　　　　　　　　　图6-42

06 打开"素材文件>CH06>美甲.psd"文件，使用"移动工具" ⊕ 分别将图像拖曳到当前编辑的图像中，放到画面下方，如图6-43所示。

图6-43

07 将图层重命名为"指甲"和"手"，然后选择这两个图层，单击"图层"面板底部的"链接图层"按钮 ∞，链接这两个图层，如图6-44所示。

图6-44

08 单击"图层"面板底部的"创建新组"按钮 ▢，新建"组1"，如图6-45所示。

图6-45

09 打开"素材文件>CH06>图形.psd"文件，使用"移动工具" ⊕ 分别将图像拖曳到当前编辑的图像中，放到手指图像周围，而拖曳进来的图像图层将自动放入"组1"中，如图6-46所示。

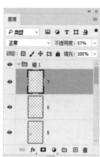

图6-46

10 单击"组1"前面的三角形按钮，得到图层组折叠模式，如图6-47所示。

图6-47

11 打开"素材文件>CH06>花.psd"文件，使用"移动工具" ⊕ 将图像拖曳到当前编辑的图像中，并按快捷键Ctrl+J复制一次图层，将复制的花朵适当缩小后放到文字中，如图6-48所示。

图 6-48

⑫ 打开"素材文件 >CH06> 其他素材 .psd"文件，使用"移动工具"将其拖曳到当前编辑的图像中，分别放到画面两侧，如图 6-49 所示。

图 6-49

⑬ 新建一个图层，选择"多边形套索工具" ，在文字下方绘制一个多边形选区，填充颜色为洋红色（R:237，G:56，B:139），如图 6-50 所示。

图 6-50

⑭ 选择"图层 > 图层样式 > 投影"菜单命令，

打开"图层样式"对话框，设置投影为黑色，其他参数设置如图 6-51 所示。

图 6-51

⑮ 单击"确定"按钮，得到图像投影效果，如图 6-52 所示。

⑯ 使用"横排文字工具" 在图像中输入广告文字，并设置字体为"黑体"，填充文字为不同的颜色，如图 6-53 所示。

图 6-52          图 6-53

⑰ 按住 Ctrl 键选择文字和多边形图像所在的图层，如图 6-54 所示，然后选择"移动工具" ，单击选项栏中的"水平居中对齐"按钮 ，如图 6-55 所示，使文字与图像居中对齐。

图 6-54

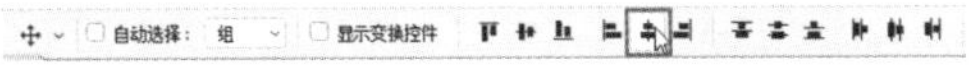

图 6-55

⑱ 双击工具箱中的"抓手工具" ，显示所有画面，如图 6-56 所示。

图 6-56

## 6.2.2 图层的基本操作

图层的基本操作包括选择/取消选择图层、复制图层、删除图层、显示/隐藏图层、链接/取消链接图层和修改图层的名称与颜色。

◆ 1. 选择 / 取消选择图层

如果要对文档中的某个图层进行操作，就必须先选中该图层。在Photoshop中，可以选择单个图层，也可以选择多个连续的图层或多个非连续的图层。

如果要选择一个图层，只需要在"图层"面板中单击该图层即可将其选中。

如果要选择多个连续的图层，可以先选择位于连续顶端的图层，然后按住Shift键单击位于连续底端的图层，即可选择这些连续的图层；也可以在选中一个图层的情况下，按住Ctrl键单击其他图层名称。

> 💡 小提示
>
> 如果使用 Ctrl 键连续选择多个图层，只能单击其他图层的名称，绝对不能单击图层缩览图，否则会载入图层的选区。

如果要选择多个非连续的图层，可以先选择其中一个图层，然后按住Ctrl键单击其他图层的名称。

> 💡 小提示
>
> 选择一个图层后，按快捷键 Ctrl+] 可以将当前图层切换为与之相邻的上一个图层，按快捷键 Ctrl+[ 可以将当前图层切换为与之相邻的下一个图层。

如果要选择所有图层，可以选择"选择>所有图层"菜单命令或按快捷键Alt+Ctrl+A。

如果要选择链接的图层，可以先选择一个链接图层，然后选择"图层>选择链接图层"菜单命令即可。

如果不想选择任何图层，可以在"图层"面板中最下面的空白处单击，即可取消选择所有图层。另外，选择"选择>取消选择图层"菜单命令也可以达到相同的目的。

◆ 2. 复制图层

在Photoshop中，经常需要复制图层，下面讲解4种复制图层的方法。

● **第1种：** 选择一个图层，然后选择"图层>复制图层"菜单命令，单击"确定"按钮即可复制选中的图层。

● **第2种：** 选择要复制的图层，然后在其名称上单击鼠标右键，在弹出的菜单中选择"复制图层"命令，即可复制选中的图层。

● **第3种：** 直接将图层拖曳到"创建新图层"按钮 🔲 上，即可复制选中的图层。

● **第4种：** 选择需要进行复制的图层，直接按快捷键Ctrl+J。

◆ 3. 删除图层

如果要删除一个或多个图层，可以先将其选中，然后选择"图层>删除图层>图层"菜单命令，即可删除选中的图层。

> 💡 小提示
>
> 如果要快速删除图层，可以将其拖曳到"删除图层"按钮 🗑 上，也可以直接按 Delete 键。

◆ 4. 显示 / 隐藏图层

图层缩览图左侧的眼睛图标 👁 用来控制图层的可见性。有该图标的图层为可见图层，没有该图标的图层为隐藏图层，单击眼睛图标 👁 可以在图层的显示与隐藏之间进行切换。

#### ◆ 5. 链接 / 取消链接图层

如果要同时处理多个图层中的内容（如移动、应用变换或创建剪贴蒙版），可以将这些图层链接在一起。选择两个或多个图层，然后选择"图层>链接图层"菜单命令或在"图层"面板下单击"链接图层"按钮，如图6-57所示，可以将这些图层链接起来，如图6-58所示。再次单击即可取消图层链接。

图 6-57

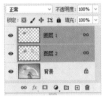

图 6-58

> 💡 小提示
>
> 将图层链接在一起后，当移动其中一个图层或对其进行变换的时候，与其链接的图层也会发生相应的变化。

#### ◆ 6. 修改图层的名称与颜色

在一个图层较多的文档中，修改图层名称及颜色有助于快速找到相应的图层。如果要修改某个图层的名称，可以选择"图层>重命名图层"菜单命令，也可以在图层名称上双击，激活名称输入框，如图6-59所示，然后在输入框中输入新名称即可。

图 6-59

如果要修改图层的颜色，可以先选择该图层，然后在图层缩览图或图层名称上单击鼠标右键，在弹出的菜单中选择相应的颜色即可，如图6-60和图6-61所示。

图 6-60

图 6-61

### 6.2.3 栅格化图层内容

对于文字图层、形状图层、矢量蒙版图层或智能对象等包含矢量数据的图层，不能直接在上面进行编辑，需要先将其栅格化以后才能进行相应的操作。选择需要栅格化的图层，然后选择"图层>栅格化"菜单下的子命令，可以将相应的图层栅格化，如图6-62所示。

图 6-62

#### 栅格化图层内容介绍

● **文字**：栅格化文字图层，使文字变为光栅图像，如图6-63和图6-64所示。栅格化文字图层以后，文本内容将不能再修改。

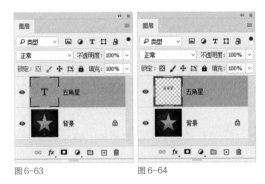

图 6-63                    图 6-64

● **智能对象**：栅格化智能对象图层，使其转换为像素图像。

● **图层/所有图层**：选择"图层"命令，可以栅格化当前选定的图层；选择"所有图层"命令，可以栅格化包含矢量数据、智能对象和生成的数据的所有图层。

### 6.2.4 调整图层的排列顺序

在创建图层时，"图层"面板将按照创建的先后顺序来排列图层，创建图层以后，可以重新调整其排列顺序，方法有两种。

◆ 1. 在"图层"面板中调整图层顺序

在"图层"面板中，选中需要调整的图层，然后拖曳图层至目标位置，即可调整图层顺序，如图6-65和图6-66所示。

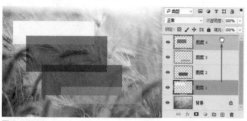

图6-65

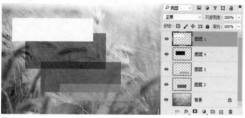

图6-66

◆ 2. 用"排列"命令调整图层顺序

通过"排列"命令也可以改变图层排列的顺序。选择一个图层，然后选择"图层>排列"菜单下的子命令，可以调整图层的排列顺序，如图6-67所示。

图6-67

**排列命令介绍**

- **置为顶层**：将所选图层调整到顶层，快捷键为Shift+Ctrl+]。

- **前/后移一层**：将所选图层向上或向下移动一个堆叠顺序，快捷键分别为Ctrl+]和Ctrl+[。

- **置为底层**：将所选图层调整到底层，快捷键为Shift+Ctrl+[。

- **反向**：在"图层"面板中选择多个图层，选择该命令可以反转所选图层的排列顺序。

## 6.2.5 调整图层的不透明度与填充

"图层"面板中有专门针对图层的不透明度与填充进行调整的选项，二者在一定程度上来讲都是针对不透明度进行调整，数值是100%时为完全不透明，数值是50%时为半透明，数值是0%时为完全透明，如图6-68~图6-70所示。

图6-68

图6-69

图6-70

> 💡 小提示
>
> 不透明度用于控制图层、图层组中绘制的像素和形状的不透明度。如果对图层应用了图层样式，则图层样式的不透明度也会受到该值的影响；填充只影响图层中绘制的像素和形状的不透明度，不会影响图层样式的不透明度。

## 6.2.6 对齐与分布图层

对齐图层能对多个图层进行快速的对齐，分布图层可以将图层按照一定的规律均匀分布。

◆ 1. 对齐图层

如果需要将多个图层进行对齐，可在"图层"面板中选择这些图层，然后选择"图层>对齐"菜单下的子命令，如图6-71所示。

图6-71

◆ 2. 分布图层

当一个文档中包含多个图层（至少为3个图层，且"背景"图层除外）时，可以选择"图层>分布"菜单下的子命令，将这些图层按照一定的规律均匀分布，如图6-72所示。

图6-72

## 6.2.7 合并与盖印图层

如果一个文档中含有过多的图层、图层组和图层样式，会耗费非常多的内存资源，从而减慢计算机的运行速度。遇到这种情况时，可以通过删除无用的图层、合并同一内容的图层等来减小文档的大小。

◆ 1. 合并图层

**命令**："图层>向下合并"菜单命令　**作用**：合并图层　**快捷键**：Alt+ E

合并图层就是将两个或两个以上的图层合并到一个图层上，主要包括向下合并、合并可见图层和拼合图像。

● **向下合并**：向下合并图层是将当前图层与它下方的图层合并，可以选择"图层>向下合并"菜单命令或按快捷键Ctrl+E合并图层。

● **合并可见图层**：合并可见图层是将当前所有的可见图层合并为一个图层，如图6-73所示，选择"图层>合并可见图层"菜单命令，将其合并，如图6-74所示。

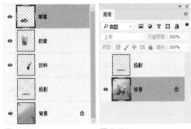

图 6-73　　　　图 6-74

● **拼合图像**：拼合图像是将所有可见图层进行合并，隐藏的图层被丢弃，选择"图层>拼合图像"菜单命令即可，如图6-75和图6-76所示。

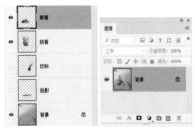

图 6-75　　　　图 6-76

◆ 2. 盖印图层

**作用**：合并图层并新建图层　**快捷键**：Alt+AIt+E

"盖印"是一种合并图层的特殊方法，它可以将多个图层的内容合并到一个新的图层中，同时保持其他图层不变。在实际工作中，盖印图层经常用到，是一种很实用的图层合并方法。

● **向下盖印图层**：选择一个图层，如图6-77所示，然后按快捷键Ctrl+Alt+E，可以将该图层中的图像盖印到下面的图层中，原始图层的内容保持不变，如图6-78所示。

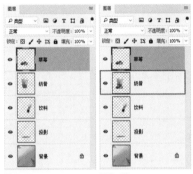

图 6-77　　　　图 6-78

● **盖印多个图层**：如果选择了多个图层，如图6-79所示，按快捷键Ctrl+Alt+E，可以将这些图层中的图像盖印到一个新的图层中，原始图层的内容保持不变，如图6-80所示。

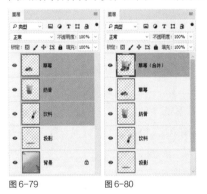

图 6-79　　　　图 6-80

● **盖印可见图层**：按快捷键Ctrl+Shift+Alt+E，可以将所有可见图层盖印到一个新的图层中，如图6-81和图6-82所示。

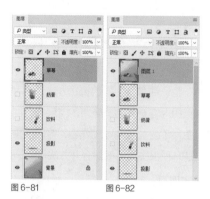

图6-81　　　　　　　图6-82

- **盖印图层组**：选择图层组，然后按快捷键Ctrl+Alt+E，可以将组中所有图层内容盖印到一个新的图层中，原始图层组中的内容保持不变。

### 6.2.8 创建与解散图层组

随着图像的不断编辑，图层的数量往往会越来越多，少则几个，多则几十个、几百个。要在如此多的图层中找到需要的图层，将会是一件非常麻烦的事情。如果使用图层组来管理同一内容部分的图层，就可以使"图层"面板中的图层结构更加有条理，寻找起来也更加方便快捷。

◆ 1. 创建图层组

**作用**："图层>新建>组"菜单命令　**作用**：创建图层组　**快捷键**：Ctrl+G

创建图层组的方法有3种，分别是在"图层"面板中创建图层组、用"新建"命令创建图层组和从所选图层创建图层组。

- **第1种**：在"图层"面板下单击"创建新组"按钮 ，可以创建一个空白的图层组，如图6-83所示。

图6-83

- **第2种**：如果要在创建图层组时设置组的名称、颜色、混合模式和不透明度，可以选择"图层>新建>组"菜单命令，在弹出的"新建

组"对话框中就可以设置这些属性，如图6-84和图6-85所示。

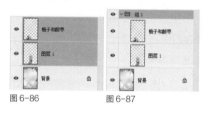

图6-84 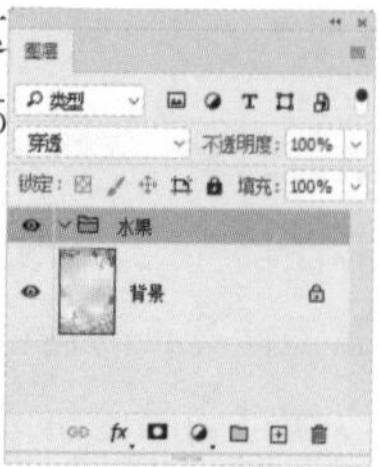　　　　　　　图6-85

- **第3种**：选择一个或多个图层，如图6-86所示，然后选择"图层>图层编组"菜单命令或按快捷键Ctrl+G，可以为所选图层创建一个图层组，如图6-87所示。

图6-86　　　　　　　图6-87

◆ 2. 取消图层编组

**命令**："图层>取消图层编组"菜单命令　**作用**：取消图层编组　**快捷键**：Shift+Ctrl+G

如果要取消图层编组，可以选择"图层>取消图层编组"菜单命令或按快捷键Shift+Ctrl+G，也可以在图层组名称上单击鼠标右键，然后在弹出的菜单中选择"取消图层编组"命令，如图6-88所示。

图6-88

### 6.2.9 将图层移入或移出图层组

选择一个或多个图层，然后将其拖曳到图层组内，就可以将其移入该组中，如图6-89和图6-90所示；相反，将图层组中的图层拖曳到组外，就可以将其从图层组中移出。

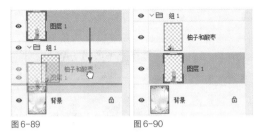

图 6-89　　　　　　　　图 6-90

## 6.3 填充图层与调整图层

★ 指导学时：30分钟

Photoshop的一大常用功能就是对图像进行处理，而调色又是图像处理中最为常用的，怎样才能使填充和调整后的图像不受损失，成为这一节研究的重点。

### 6.3.1 随学随练：制作绚丽舞台

实例位置　实例文件 >CH06> 随学随练：制作绚丽舞台 .psd
素材位置　素材文件 >CH06> 舞台人物 .psd、舞台文字 .psd
视频名称　制作绚丽舞台 .mp4
技术掌握　用填充图层和调整图层改变图像的颜色

本案例练习在图像中添加填充图层和调整图层，并设置不同的颜色和图层混合模式，得到绚丽多彩的舞台效果，如图6-91所示。

图 6-91

01 打开"素材文件 >CH06> 舞台人物 .psd"文件，如图 6-92 所示。

图 6-92

02 选择"图层 > 新建填充图层 > 渐变"菜单命令，打开"新建图层"对话框，如图 6-93 所示，保持默认设置，单击"确定"按钮，打开"渐变填充"对话框，如图 6-94 所示。

图 6-93　　　　　　　　图 6-94

03 单击对话框中的渐变色条，打开"渐变编辑器"对话框，选择"色谱"渐变，如图 6-95 所示。单击"确定"按钮，返回到"渐变填充"对话框中，设置样式为"线性"、角度为135度、缩放为100%，如图 6-96 所示。

图 6-95　　　　　　　　图 6-96

04 单击"确定"按钮，在"图层"面板中得到一个渐变填充图层，将图层混合模式设置为"柔光"，如图 6-97 所示。

图 6-97

05 单击"图层"面板底部的"创建新的填充或调整图层"按钮 ◑.，在弹出的菜单中选择"曲线"命令，如图 6-98 所示，就会在"图层"面板中创建一个新的调整图层，如图 6-99 所示。

图 6-98　　　　　　　　图 6-99

06 这时将进入"属性"面板，在曲线上添加节点并向上拖曳，调整图像亮度，如图 6-100 所示。

选择"红"通道,在曲线上添加节点并向上拖曳,如图6-101所示。

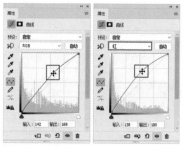

图6-100　　　　图6-101

07 选择"绿"通道,向下拖曳曲线,如图6-102所示,这时将得到更加亮丽的舞台颜色,如图6-103所示。

图6-102　　　　图6-103

08 单击"图层"面板底部的"创建新的填充或调整图层"按钮 ●,在弹出的菜单中选择"渐变映射"命令,进入"属性"面板,单击渐变色条右侧的三角形按钮,在弹出的面板中选择黑白渐变色,如图6-104所示。

图6-104

09 这时"图层"面板中将自动创建一个调整图层,设置图层混合模式为"柔光"、不透明度为60%,如图6-105所示,得到的图像效果如图6-106所示。

图6-105　　　　图6-106

10 打开"素材文件>CH06>舞台文字.psd"文件,使用"移动工具" ⊕ 将文字分别拖曳到舞台图像中,并适当调整大小,然后放到画面左下方,如图6-107所示。

图6-107

11 在"图层"面板中按住Ctrl键选择所有文字图层,按快捷键Ctrl+G得到图层组,然后将图层组放在其他调整图层的下方、背景图层的上方。设置组1的"不透明度"为30%,如图6-108所示,得到的图像效果如图6-109所示。

图6-108

图6-109

## 6.3.2 填充图层

　　填充图层是一种比较特殊的图层,它可以使用纯色、渐变或图案填充图层。与调整图层不同,填充图层不会影响它下面的图层。

◆ 1. 纯色填充图层

　　纯色填充图层可以用一种颜色填充图层,并带有一个图层蒙版。打开一个图像,如图6-110所示,选择"图层>新建填充图层>纯色"菜单命令,可以打开"新建图层"对话框,在该对话框中可以设置纯色填充图层的名称、颜色、混合模式和不透明度,并且可以为下一图层创建剪贴蒙版,如图6-111所示。

图 6-110

图 6-111

在"新建图层"对话框中设置好相关选项以后，单击"确定"按钮，打开"拾色器"对话框，拾取一种颜色，如图6-112所示，然后单击"确定"按钮，即可创建一个纯色填充图层，如图6-113所示。

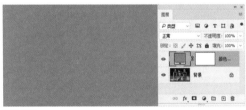

图 6-112

图 6-113

创建好纯色填充图层以后，可以调整其混合模式、不透明度或编辑其蒙版，使其与下面的图像混合在一起，如图6-114所示。

图 6-114

◆ 2. 渐变填充图层

渐变填充图层可以用一种渐变色填充图层。选择"图层>新建填充图层>渐变"菜单命令，可以打开"新建图层"对话框，在该对话框中可以设置渐变填充图层的名称、颜色、混合模式和不透明度，并且可以为下一图层创建剪贴蒙版。

在"新建图层"对话框中设置好相关选项以后，单击"确定"按钮，打开"渐变填充"对话框，在该对话框中可以选择渐变色并设置相关参数，如图6-115所示。单击"确定"按钮，即可创建一个渐变填充图层，如图6-116所示。

图 6-115

图 6-116

◆ 3. 图案填充图层

与纯色填充和渐变填充一样，图案填充图层可以用一种图案填充图层。选择"图层>新建填充图层>图案"菜单命令，可以打开"新建图层"对话框，在该对话框中可以设置图案填充图层的名称、颜色、混合模式和不透明度，并且可以为下一图层创建剪贴蒙版。

💡 小提示

填充图层也可以直接在"图层"面板中进行创建。单击"图层"面板底部的"创建新的填充或调整图层"按钮，在弹出的菜单中选择相应的命令即可，如图 6-117所示。

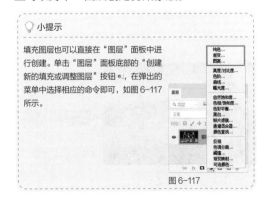

图 6-117

### 6.3.3 调整图层

调整图层是一种非常重要而又特殊的图层，它可以调整图像的颜色和色调，并且不会破坏图像的像素。

#### ◆ 1. 调整图层与调色命令的区别

在Photoshop中，调整图像色彩的基本方法有以下两种。

- **第1种**：直接选择"图像>调整"菜单下的调色命令进行调整。这种方式属于不可修改方式，也就是说，一旦调整了图像的色调，就不可以再重新修改调色命令的参数。

- **第2种**：使用调整图层进行调整。这种方式属于可修改方式，也就是说，如果对调色效果不满意，还可以重新对调整图层的参数进行修改，直到满意为止。

下面举例说明调整图层与调色命令之间的区别。以图6-118为例，选择"图像>调整>色阶"菜单命令，打开"色阶"对话框，调整色阶数值，调色效果将直接作用于图层。而选择"图层>新建调整图层>色阶"菜单命令，在"背景"图层的上方创建一个"色阶"图层，此时可以在"属性"面板中设置相关参数，如图6-119所示。与前面不同的是，调整图层将保留下来，如果对调整效果不满意，可以删除"色阶"图层，或者重新设置其参数，并且可以编辑"色阶"调整图层的蒙版，使调色只针对背景，如图6-120所示。

图6-118

图6-119

图6-120

综上所述，调整图层的优点如下。

- **第1点**：编辑不会造成图像的破坏。可以随时修改调整图层的相关参数值，也可以修改其混合模式与不透明度。

- **第2点**：编辑具有选择性。在调整图层的蒙版上绘画，可以将调整应用于图像的一部分。

- **第3点**：能够将调整应用于多个图层。调整图层不仅可以只对一个图层产生作用（创建剪贴蒙版），还可以对下面的所有图层产生作用。

#### ◆ 2. "调整"面板

选择"窗口>调整"菜单命令，打开"调整"面板，如图6-121所示，其面板菜单如图6-122所示。在"调整"面板中单击相应的按钮，可以创建相应的调整图层，也就是说，这些按钮与"图层>新建调整图层"菜单下的命令相对应。

图6-121

图6-122

◆ 3. "属性" 面板

创建调整图层以后，可以在 "属性" 面板中修改其参数，如图6-123所示。

单击可剪切到图层

查看上一状态

复位到调整默认值

删除此调整图层

切换图层可见性

图 6-123

**"属性" 面板选项介绍**

● **单击可剪切到图层** ：单击该按钮，可以将调整图层设置为下一图层的剪贴蒙版，让该调整图层只作用于它下面的一个图层，如图6-124所示；再次单击按钮，可取消剪贴蒙版，调整图层会影响它下面的所有图层，如图6-125所示。

图 6-124

图 6-125

● **查看上一状态** ：单击该按钮，可以在文档窗口中查看图像的上一个调整效果，以比较两种不同的调整效果。

● **复位到调整默认值** ：单击该按钮，可将调整参数恢复到默认值。

● **切换图层可见性** ：单击该按钮，可以隐藏或显示调整图层。

● **删除此调整图层** ：单击该按钮，可以删除当前调整图层。

◆ 4. 新建调整图层

新建调整图层的方法共有以下3种。

● **第1种**：选择 "图层>新建调整图层" 菜单下的调整命令。

● **第2种**：在 "图层" 面板底部单击 "创建新的填充或调整图层" 按钮 ，在弹出的菜单中选择相应的调整命令，如图6-126所示。

● **第3种**：选择 "窗口>调整" 菜单命令，打开 "调整" 面板，然后单击相应的按钮。

图 6-126

## 6.4 图层样式与图层混合

★ 指导学时：60分钟

在Photoshop中，图层是编辑处理图像时必备的承载元素。通过图层的堆叠与混合，可以制作出多种多样的效果。而通过 "图层样式" 可以为图层中的图像添加投影、发光、浮雕、光泽和描边等效果，以创建出诸如金属、玻璃、水晶及具有立体感的特效。

### 6.4.1 随学随练：制作发光文字

| | |
|---|---|
| 实例位置 | 实例文件 >CH06> 随学随练：制作发光文字 .psd |
| 素材位置 | 素材文件 >CH06> 底纹 .jpg |
| 视频名称 | 制作发光文字 .mp4 |
| 技术掌握 | 图层样式的设置与编辑 |

本案例练习为文字和图像添加多种图层样式，并应用描边和外发光等图层样式得到发光文字效果，如图6-127所示。

图 6-127

01 选择"文件 > 新建"菜单命令，打开"新建文档"对话框，按图 6-128 所示设置参数。

图 6-128

02 选择"渐变工具" ，在选项栏中单击渐变色条，打开"渐变编辑器"对话框，设置颜色为从紫红色（R:94,G:1,B:112）到墨蓝色（R:0,G:0,B:34），如图 6-129所示。

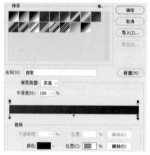

图 6-129

03 单击选项栏中的"径向渐变"按钮，在图像中间按住鼠标左键向外拖曳，得到径向渐变填充效果，如图 6-130所示。

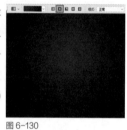

图 6-130

04 打开"素材文件 >CH06> 底纹 .jpg"文件，如图 6-131 所示，使用"移动工具" 将其拖曳到当前编辑的图像中，并设置该图层的混合模式为"变亮"、"不透明度"为 20%，如图 6-132 所示。

图 6-131

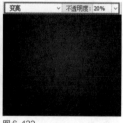

图 6-132

05 新建一个图层，使用"矩形选框工具" 绘制一个细长的矩形选区，使用"渐变工具" 对

其应用线性渐变填充，设置颜色为从黑色到深灰色，如图 6-133 所示。

06 按快捷键 Ctrl+D 取消选区，选择"移动工具" ，按住 Alt 键向下移动两次图像，得到复制的两个图像，如图 6-134 所示。

图 6-133

图 6-134

07 选择"横排文字工具" ，在图像中输入大写英文字母"THANK"，在选项栏中设置字体为"方正兰亭特黑长简体"，填充颜色为白色，如图 6-135 所示。

图 6-135

08 选择"图层 > 图层样式 > 描边"菜单命令，打开"图层样式"对话框，设置描边大小为 6 像素、位置为"外部"，选择"填充类型"为"渐变"，设置渐变颜色为从枚红色（R:252,G:235,B:243）到粉色（R:252,G:235,B:243），如图 6-136 所示。

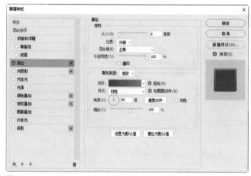

图 6-136

09 选择对话框左侧的"外发光"样式，设置外发光颜色为枚红色（R:252,G:235,B:243），其他参数设置如图 6-137 所示。

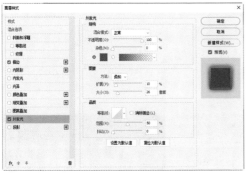

图 6-137

10 选择 "投影" 样式，设置投影为黑色，其他参数设置如图 6-138 所示，单击 "确定" 按钮，得到添加图层样式后的文字效果，如图 6-139 所示。

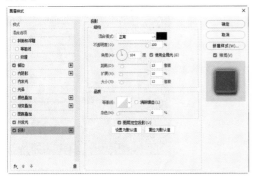

图 6-138

图 6-139

11 在 "图层" 面板中选择 "图层 2"，按快捷键 Ctrl+J 复制一个细长的灰色矩形，适当缩小矩形，放到文字下方，如图 6-140 所示。

12 选择 "横排文字工具" ，在复制的细长矩形中输入英文字母 "YOU"，并在选项栏中设置字体为 "汉仪细圆简"，填充颜色为白色，如图 6-141 所示。

图 6-140                     图 6-141

13 双击 "图层" 面板中的 "YOU" 文字图层，打开 "图层样式" 对话框，选择 "描边" 样式，设置描边颜色为蓝色（R:252，G:235，B:243），其他参数设置如图 6-142 所示。

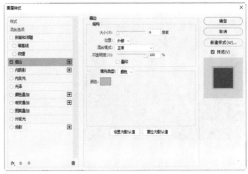

图 6-142

14 在 "图层样式" 对话框中选择 "外发光" 样式，设置外发光颜色为（R:252，G:235，B:243），其他参数设置如图 6-143 所示，单击 "确定" 按钮，得到外发光图像效果，如图 6-144 所示。

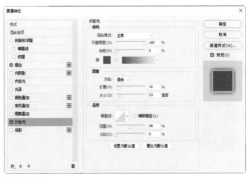

图 6-143

图 6-144

15 新建一个图层，将其重命名为"圆形"，使用"椭圆选框工具" ◯. 在细长矩形的左端绘制一个圆形选区，填充颜色为白色，如图 6-145 所示。

图 6-145

16 在"图层"面板中选择"THANK"文字图层，单击鼠标右键，在弹出的菜单中选择"拷贝图层样式"命令，如图 6-146 所示；再选择"圆形"图层，单击鼠标右键，在弹出的菜单中选择"粘贴图层样式"命令，如图 6-147 所示。

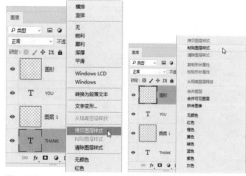

图 6-146　　　　图 6-147

17 可以看到"圆形"图层中已经添加了相同的图层样式，关闭"描边"和"投影"样式前面的眼睛图标，隐藏这两种图层样式，如图 6-148 所示，得到的图像效果如图 6-149 所示。

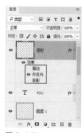

图 6-148 　　　　图 6-149

18 复制多个圆形图像，分别将其放到细长的矩形中，如图 6-150 所示。

图 6-150

## 6.4.2 添加图层样式

如果要为一个图层添加图层样式，先要打开"图层样式"对话框。打开"图层样式"对话框的方法主要有以下3种。

● 第1种：选择"图层>图层样式"菜单下的子命令，如图6-151所示，此时将弹出"图层样式"对话框，如图6-152所示。

图 6-151

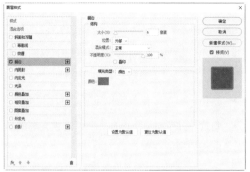

图6-152

● **第2种**：在"图层"面板下面单击"添加图层样式"按钮 *fx*，在弹出的菜单中选择一种样式，如图6-153所示，即可打开"图层样式"对话框。

图 6-153

● **第3种**：在"图层"面板中双击需要添加样式的图层缩览图，也可以打开"图层样式"对话框。

💡 **小提示**

"背景"图层和图层组不能应用图层样式。如果要对"背景"图层应用图层样式，可以按住 Alt 键双击图层缩览图，将其转换为普通图层以后再进行添加；如果要为图层组添加图层样式，需要先将图层组合并为一个图层。

## 6.4.3 "图层样式"对话框

"图层样式"对话框的左侧列出了10种样式，如图6-154所示。样式名称前面的复选框内有√标记，表示在图层中添加了该样式。

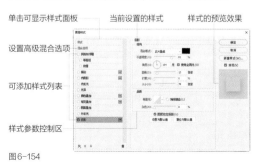

单击可显示样式面板　　　当前设置的样式　　　样式的预览效果

设置高级混合选项

可添加样式列表

样式参数控制区

图6-154

单击一个样式的名称，可以选中该样式，同时切换到该样式的设置面板，如图6-155所示。

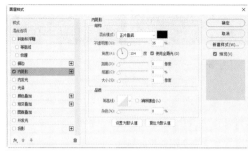

图6-155

💡 **小提示**

如果单击样式名称前面的复选框，则可以应用该样式，但不会显示样式设置面板。

在"图层样式"对话框中设置好样式参数以后，单击"确定"按钮即可为选定图层添加样式，添加了样式的图层的右侧会出现一个 *fx* 图标，如图6-156所示。另外，单击 *fx* 右下角的箭头图标可以折叠或展开图层样式列表。

图6-156

◆ **1. 斜面和浮雕**

使用"斜面和浮雕"样式可以为图层添加高光与阴影，使图像产生立体的浮雕效果，图6-157所示是其参数设置面板，图6-158所示是原始图像，图6-159所示是添加了"斜面和浮雕"样式的效果。

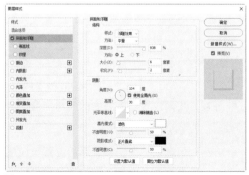

图6-157

图6-158

图6-159

在 "斜面和浮雕" 面板中可以设置浮雕的结构和阴影，如图6-160所示。

图6-160

**"斜面和浮雕"选项介绍**

- **样式：**用来选择斜面和浮雕的样式。选择"外斜面"，可以在图层内容的外侧边缘创建斜面；选择"内斜面"，可以在图层内容的内侧边缘创建斜面；选择"浮雕效果"，可以使图层内容相对于下层图层产生浮雕状的效果；选择"枕状浮雕"，可以模拟图层内容的边缘嵌入下层图层中产生的效果；选择"描边浮雕"，可以将浮雕应用于图层的"描边"样式的边界（注意，如果图层没有"描边"样式，则不会产生效果）。

- **方法：**用来选择创建浮雕的方法。选择"平滑"，可以得到比较柔和的边缘；选择"雕刻清晰"，可以得到最精确的浮雕边缘；选择"雕刻柔和"，可以得到中等水平的浮雕效果。

- **深度：**用来设置浮雕斜面的应用深度，该值越高，浮雕的立体感越强。

- **方向：**用来设置高光和阴影的位置。该选项与光源的角度有关，例如，设置"角度"为

120° 时，选择"上"方向，那么阴影位置就位于下面；选择"下"方向，阴影位置则位于上面。

- **大小：**该选项表示斜面和浮雕的阴影面积的大小。

- **软化：**用来设置斜面和浮雕的平滑程度。

- **角度/高度：**这两个选项用于设置光源的发光角度和光源的高度。

- **光泽等高线：**选择不同的等高线样式，可以为斜面和浮雕的表面添加不同的光泽质感，也可以自行编辑等高线样式。

◆ 2. 描边

"描边"样式可以使用颜色、渐变色及图案来描绘图像的轮廓边缘，其参数设置面板如图6-161所示。

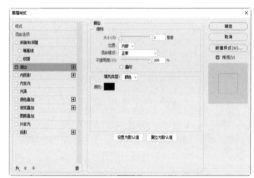

图6-161

**"描边"选项介绍**

- **位置：**选择描边的位置。

- **混合模式：**设置描边效果与下层图像的混合模式。

- **填充类型：**设置描边的填充类型，包括"颜色""渐变""图案"3种类型。

◆ 3. 内阴影

"内阴影"样式可以在紧靠图层内容的边缘内添加阴影，使图层内容产生凹陷效果，其参数设置面板如图6-162所示。

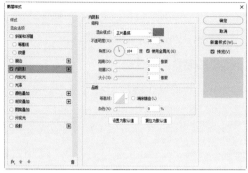

图6-162

### "内阴影"选项介绍

● **混合模式/不透明度**："混合模式"选项用来设置内阴影效果与下层图像的混合方式，"不透明度"选项用来设置内阴影效果的不透明度。

● **设置阴影颜色**：单击"混合模式"选项右侧的颜色块，可以设置阴影的颜色。

● **距离**：用来设置内阴影偏移图层内容的距离。

● **大小**：用来设置内阴影的模糊范围。值越小，内阴影越清晰；反之，内阴影的模糊范围越广。

● **杂色**：用来在内阴影中添加杂色。

◆ 4. 内发光

使用"内发光"样式可以沿图层内容的边缘向内创建发光效果，其参数设置面板如图6-163所示。

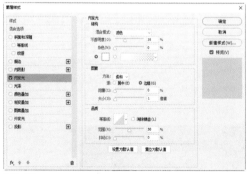

图6-163

### "内发光"选项介绍

● **设置发光颜色**：单击"杂色"选项下面的颜色块，可以设置内发光颜色；单击颜色块后

面的渐变条，可以在"渐变编辑器"对话框中选择或编辑渐变色。

● **方法**：用来设置发光的方式。选择"柔和"选项，发光效果比较柔和；选择"精确"选项，可以得到精确的发光边缘。

● **源**：用于选择内发光的位置，包括"居中"和"边缘"两种方式。

● **范围**：用于设置内发光的发光范围。值越小，内发光范围越大，发光效果越清晰；值越大，内发光范围越小，发光效果越模糊。

◆ 5. 光泽

使用"光泽"样式可以为图像添加光滑的具有光泽的内部阴影，该样式通常用来制作具有光泽质感的按钮和金属。

◆ 6. 颜色叠加

使用"颜色叠加"样式可以在图像上叠加设置的颜色效果。

◆ 7. 渐变叠加

使用"渐变叠加"样式可以在图层上叠加指定的渐变色效果。

◆ 8. 图案叠加

使用"图案叠加"样式可以在图像上叠加设置的图案效果。

◆ 9. 外发光

使用"外发光"样式可以沿图层内容的边缘向外创建发光效果，其参数设置面板如图6-164所示。

图6-164

**"外发光"选项介绍**

● **扩展/大小**："扩展"选项用来设置发光范围的大小，"大小"选项用来设置光晕范围的大小。这两个选项是有很大关联的，例如，设置"大小"为8像素，设置"扩展"为0%，可以得到最柔和的外发光效果，如图6-165所示，而设置"扩展"为100%，则可以得到宽度为8像素的，类似于描边的效果，如图6-166所示。

图6-165　　　　　图6-166

◆ 10. 投影

使用"投影"样式可以为图层添加投影，使其产生立体感。

## 6.4.4 编辑图层样式

为图像添加图层样式以后，如果对样式效果不满意，还可以重新对其进行编辑，以得到较好的样式效果。

◆ 1. 隐藏图层样式

如果要隐藏一个样式，可以单击关闭该样式前面的眼睛图标◉；如果要隐藏某个图层中的所有样式，可以单击关闭"效果"前面的眼睛图标◉。

💡 小提示

如果要隐藏整个文档中的图层的图层样式，可以选择"图层 > 图层样式 > 隐藏所有效果"菜单命令。

◆ 2. 修改图层样式

如果要修改某个图层样式，可以选择设置好的图层样式命令或在"图层"面板中双击该样式的名称，然后在打开的"图层样式"对话

框中重新进行编辑。

◆ 3. 复制 / 粘贴与清除图层样式

● **复制/粘贴图层样式**

如果要将某个图层的样式复制给其他图层，可以选择该图层，然后选择"图层>图层样式>拷贝图层样式"命令，或者在图层名称上单击鼠标右键，在弹出的菜单中选择"拷贝图层样式"命令，接着选择目标图层，再选择"图层>图层样式>粘贴图层样式"菜单命令，或者在目标图层的名称上单击鼠标右键，在弹出的菜单中选择"粘贴图层样式"命令即可。

● **清除图层样式**

如果要删除某个图层样式，将该样式拖曳到"删除图层"按钮🗑上即可。

◆ 4. 缩放图层样式

将一个图层A的样式拷贝并粘贴给另外一个图层B后，图层B中的样式将保持图层A的样式的大小比例。例如，将大文字图层的样式拷贝并粘贴给小文字图层，如图6-167所示，虽然大文字图层的尺寸比小文字图层大得多，但拷贝给小文字图层的样式的大小比例不会发生变化。为了让样式与小文字图层的尺寸比例相匹配，就需要缩小小文字图层的样式比例。缩放方法是选择小文字图层，然后选择"图层>图层样式>缩放效果"菜单命令，在弹出的"缩放图层效果"对话框中对"缩放"数值进行设置，如图6-168所示，缩放后的效果如图6-169所示。

图6-167

图 6-168　　　　　　　图 6-169

## 6.4.5 图层的混合模式

"混合模式"是Photoshop中一项非常重要的功能，它决定了当前图像的像素与下面图像的像素的混合方式，可以用来创建各种特效，并且不会损坏原始图像的任何内容。在绘画工具和修饰工具的选项栏，以及"渐隐""填充""描边"命令和"图层样式"对话框中都包含有混合模式。

在"图层"面板中选择一个图层，单击面板顶部的"类型"下拉列表，可以从中选择一种混合模式。图层的"混合模式"分为6组，共27种，如图6-170所示。后面将选择较常用的几组混合模式做详细介绍。

图 6-170

**各组混合模式介绍**

● **组合模式组：**该组中的混合模式需要降低图层的"不透明度"或"填充"数值才能起作用，这两个参数的数值越低，就越能看到下面的图像。

● **加深模式组：**该组中的混合模式可以使图像变暗。在混合过程中，当前图层的白色像素会被下层较暗的像素替代。

● **减淡模式组：**该组与加深模式组产生的混合效果完全相反，它们可以使图像变亮。在混合过程中，图像中的黑色像素会被较亮的像素替换，而任何比黑色亮的像素都可能提亮下层图像。

● **对比模式组：**该组中的混合模式可以加强图像的差异。在混合时，50%灰色会完全消失，任何亮度值高于50%灰色的像素都可能提亮下层的图像，亮度值低于50%灰色的像素则可能使下层图像变暗。

● **比较模式组：**该组中的混合模式可以比较当前图像与下层图像，将相同的区域显示为黑色，将不同的区域显示为灰色或彩色。如果当前图层中包含白色，那么白色区域会使下层图像反相，而黑色不会对下层图像产生影响。

● **色彩模式组：**使用该组中的混合模式时，色彩分为色相、饱和度和亮度3种成分，然后再将其中的一种或两种应用在混合后的图像中。

## 6.4.6 组合模式组

组合模式组包括"正常"模式和"溶解"模式。

● **"正常"模式**

这种模式是Photoshop默认的模式。在正常情况下（"不透明度"为100%），上层图像将完全遮盖住下层图像，只有降低"不透明度"数值以后，上层图像才能与下层图像相混合。

● **"溶解"模式**

当"不透明度"和"填充"数值为100%时，该模式不会与下层图像相混合，只有这两个数值中的其中一个或两个低于100%时才能产生效果，使透明度区域上的像素发生离散，如图6-171所示。

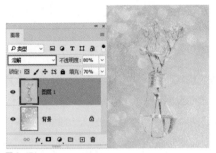

图 6-171

## 6.4.7 加深模式组

加深模式组包括"变暗"模式、"正片叠底"模式、"颜色加深"模式、"线性加深"模式和"深色"模式。

● **"变暗"模式**

比较每个通道中的颜色信息，并选择基色或混合色中较暗的颜色作为结果色，同时替换比混合色亮的像素，而比混合色暗的像素保持不变，如图6-172所示。

图 6-172

● **"正片叠底"模式**

任何颜色与黑色混合产生黑色，与白色混合则保持不变，如图6-173所示。

图 6-173

● **"颜色加深"模式**

通过增加上下层图像之间的对比度使像素变暗，与白色混合后不产生变化，如图6-174所示。

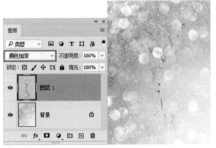

图 6-174

● **"线性加深"模式**

通过降低亮度使像素变暗，与白色混合不产生变化。

● **"深色"模式**

通过比较两个图像所有通道的数值的总和，然后显示数值较小的颜色。

## 6.4.8 对比模式组

对比模式组包括"叠加"模式、"柔光"模式、"强光"模式、"亮光"模式、"线性光"模式、"点光"模式和"实色混合"模式。

● **"叠加"模式**

对颜色进行过滤并提亮上层图像，具体取决于底层颜色，同时保留底层图像的明暗对比，如图6-175所示。

图 6-175

● "柔光模式"

这种模式可以使颜色变暗或变亮，具体取决于当前图像的颜色。如果上层图像比50%灰色亮，则图像变亮；如果上层图像比50%灰色暗，则图像变暗，如图6-176所示。

图6-176

● "强光"模式

对颜色进行过滤，具体取决于当前图像的颜色。如果上层图像比50%灰色亮，则图像变亮；如果上层图像比50%灰色暗，则图像变暗，如图6-177所示。

图6-177

● "亮光"模式

通过增加或减小对比度来加深或减淡颜色，具体取决于上层图像的颜色。如果上层图像比50%灰色亮，则图像变亮；如果上层图像比50%灰色暗，则图像变暗。

● "线性光"模式

通过减小或增加亮度来加深或减淡颜色，具体取决于上层图像的颜色。如果上层图像比50%灰色亮，则图像变亮；如果上层图像比50%灰色暗，则图像变暗。

● "点光"模式

根据上层图像的颜色来替换颜色。如果上层图像比50%灰色亮，则替换较暗的像素；如果上层图像比50%灰色暗，则替换较亮的像素。

● "实色混合"模式

将上层图像的RGB通道值添加到底层图像的RGB值。如果上层图像比50%灰色亮，则使底层图像变亮；如果上层图像比50%灰色暗，则使底层图像变暗。

## 6.5 扩展练习

通过对这一章内容的学习，相信读者对图层的知识有了一定的了解，下面通过两个扩展练习进行巩固练习。

### 扩展练习：制作珠宝广告

| | |
|---|---|
| 实例位置 | 实例文件 >CH06> 扩展练习：制作珠宝广告 .psd |
| 素材位置 | 素材文件 >CH06> 圆圈图像 .psd、黑点背景 .jpg、光 .psd |
| 视频名称 | 制作珠宝广告 .mp4 |
| 技术掌握 | 图层混合模式的应用 |

本练习首先将其他图像移动过来，得到新的图层，然后通过适当的图层混合模式将两张素材图像进行混合，得到特殊效果，如图6-178所示。

图6-178

01 打开"素材文件 >CH06> 黑点背景 .jpg 和光 .psd"两张素材图像，将其叠放在一起，效果如图 6-179 所示。

02 打开"素材文件 >CH06> 圆圈图像 .psd"文件，将其拖曳过来，复制一次图层，并为其中一个图层添加"颜色叠加"图层样式，效果如图6-180所示。

图 6-179　　　　图 6-180

03 打开其他素材图像，将其拖曳过来生成新的图层，然后调整图像大小，放到如图 6-181 所示的位置。

04 打开"素材文件 >CH06> 珠宝 .psd"图像，将其拖曳过来，复制一次图像并将其垂直翻转，放到画面中间，得到立体倒影图像，如图 6-182 所示。

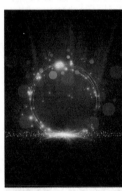

图 6-181　　　　图 6-182

05 使用"横排文字工具" T. 在广告画面上下两处分别输入广告信息文字，填充文字为白色，效果如图 6-183 所示，完成操作。

图 6-183

## 扩展练习：制作烈焰红唇

| 实例位置 | 实例文件 >CH06> 扩展练习：制作烈焰红唇 .psd |
|---|---|
| 素材位置 | 素材文件 >CH06> 嘴唇 .jpg |
| 视频名称 | 制作烈焰红唇 .mp4 |
| 技术掌握 | 运用图层混合模式制作红唇 |

本例练习为唇部图像添加颜色，然后改变图层混合模式和不透明度，得到自然的红唇效果，如图 6-184 所示。

图 6-184

01 打开"素材文件 >CH06> 嘴唇 .jpg"文件，如图 6-185 所示，可以看到人物唇部色彩比较暗淡。

图 6-185

02 新建图层，使用"画笔工具" ✔ 绘制出唇部图像，然后设置图层混合模式为"柔光"，如图 6-186 所示。

图 6-186

03 载入唇部图像选区，然后创建调整图层，增加图像饱和度，设置黑白渐变映射，改变图层混合模式和不透明度，如图 6-187 所示，得到的图像效果如图 6-188 所示。

图 6-187　　　　图 6-188

第 7 章

# 文字的应用

## 本章导读

Photoshop 中的文字由基于矢量的文字轮廓组成，
这些形状可以用于表现字母、数字和符号。在编辑文
字时，可以任意缩放文字或调整文字大小，不会产生
锯齿现象。在保存文字时，Photoshop 可以保留基
于矢量的文字轮廓，文字的输出与图像的分辨率无关。

## 本章学习任务

文字创建工具

创建与编辑文本

字符 / 段落面板

# 7.1 文字创建工具

★ 指导学时：20分钟

Photoshop提供了4种创建文字的工具。"横排文字工具" T.和"直排文字工具" IT.主要用来创建点文字、段落文字和路径文字，"横排文字蒙版工具" T.和"直排文字蒙版工具" T.主要用来创建文字选区。

## 7.1.1 随学随练：为产品图片添加水印文字

| | |
|---|---|
| 实例位置 | 实例文件 >CH07> 随学随练：为产品图片添加水印文字 .psd |
| 素材位置 | 素材文件 >CH07> 产品 .jpg |
| 视频名称 | 为产品图片添加水印文字 .mp4 |
| 技术掌握 | 文字的输入方法 |

本案例主要针对文字的输入方法进行练习，同时为文字填充颜色并降低不透明度，制作出水印文字效果，如图7-1所示。

图7-1

01 选择"文件 > 打开"命令，打开"素材文件 > CH07> 产品 .jpg"文件，如图7-2所示。

图7-2

02 选择"横排文字工具" T.，在选项栏中设置字体为 Aristocrat，颜色为白色，如图7-3所示。

图7-3

03 设置好选项栏后，在图像中单击插入光标，然后输入字母 L，如图 7-4 所示，按小键盘上的 Enter 键确认。

图7-4

04 选择"椭圆工具" ◯.，在选项栏中设置工具模式为"形状"，描边为白色，描边宽度为 4 点，如图 7-5 所示，然后按住 Shift 键在图像中绘制一个白色描边圆形，并适当调整圆形大小，与文字放到一起，如图 7-6 所示。

图7-5

图7-6

05 适当调整圆形和字母 L 的大小，然后选择"横排文字工具" T.，在选项栏中设置字体为"汉仪细中圆简"，接着在圆形右侧单击插入光标，输入文字"琳致日化"，如图 7-7 所示。

图7-7

**06** 按住 Ctrl 键选择除背景图层以外的其他图层，按快捷键 Ctrl+G 得到一个图层组，如图 7-8 所示。

图7-8

**07** 在"图层"面板中设置"组 1"的图层混合模式为"叠加"、不透明度为 70%，得到透明文字效果，如图 7-9 所示。

**08** 按快捷键 Ctrl+T，将"组 1"中的所有对象缩小，放到如图 7-10 所示的位置，完成案例的制作。

图7-9

图 7-10

### 7.1.2 文字工具

在Photoshop中输入文字主要使用"横排文字工具"和"直排文字工具"。"横排文字工具"可以用来输入横向排列的文字，"直排文字工具"可以用来输入竖向排列的文字。

在工具箱中选择"横排文字工具"，然后在图像上单击，出现闪动的插入光标，如图7-11所示，此时可以输入文字，输入的文字效果如图7-12所示。横排文字工具选项栏如图7-13所示。

图 7-11

图 7-12

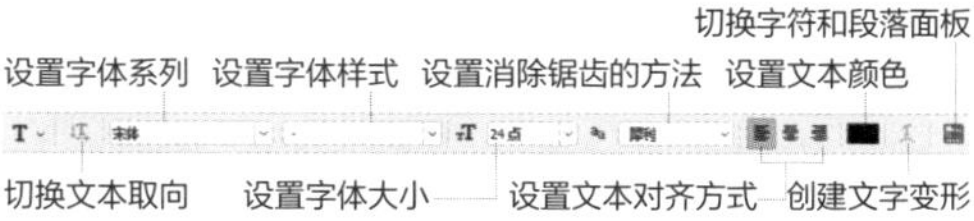

切换字符和段落面板
设置字体系列 设置字体样式 设置消除锯齿的方法 设置文本颜色

切换文本取向　设置字体大小　　设置文本对齐方式　创建文字变形

图 7-13

#### "横排文字工具"选项介绍

- **切换文本取向**：如果当前使用的是"横排文字工具"输入的文字，选中文本以后，在选项栏中单击"切换文本取向"按钮，可以将横向排列的文字更改为竖向排列的文字。

- **设置字体系列**：用于设置文字的字体。在文档中输入文字以后，如果要更改字体的系列，可以在文档中选择文本，然后在选项栏中单击"设置字体系列"下拉列表，选择想要的字体即可。

- **设置字体样式**：用于设置文字的形态。输入英文以后，可以在选项栏中设置字体的样式，包括Regular（规则）、Italic（斜体）、Bold（粗体）和Bold Italic（粗斜体）。

> 💡 小提示
>
> 注意，只有部分英文可以设置字体样式。

- **设置字体大小**：输入文字以后，如果要更改字体的大小，可以直接在选项栏中输入数值，也可以在下拉列表中选择预设的字体大小。

- **设置消除锯齿的方法**：输入文字以后，可以在选项栏中为文字指定一种消除锯齿的方式，包括"无""锐利""犀利""浑厚""平滑"。

- **设置文本对齐方式**：文字工具的选项栏中提供了3种设置文本段落对齐方式的按钮，选择文本以后，单击所需要的对齐按钮，就可以使文本按指定的方式对齐，包括"左对齐文本"、"居中对齐文本"和"右对齐文本"。

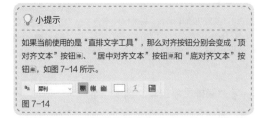
- **设置文本颜色**:用于设置文字的颜色。输入文本时,文本颜色默认为前景色。如果要修改文字颜色,可以先在文档中选择文本,然后在选项栏中单击颜色块,接着在弹出的"拾色器(文本颜色)"对话框中设置所需要的颜色。

- **创建文字变形** ⼯:单击该按钮,可以打开"变形文字"对话框,在该对话框中可以选择文字变形的方式。

- **切换字符和段落面板** ▤:单击该按钮,可以打开"字符"面板和"段落"面板,用来调整文字格式和段落格式。

输入文字后,在"图层"面板中可以看到新生成了一个文字图层,图层上有一个字母T,表示当前的图层为文字图层,如图7-15所示,Photoshop会自动按照输入的文字命名新建的文字图层。

图 7-15

文字图层可以随时进行编辑。直接使用文字工具在文字中插入光标并按住鼠标左键进行拖曳,可以选中所需的文字;或双击"图层"面板中的文字图层缩览图,选择所有文字,然后可以在文字工具选项栏中设置文字的各种属性。

## 7.1.3 文字蒙版工具

文字蒙版工具包括"横排文字蒙版工具" ▤和"直排文字蒙版工具" ▤两种。使用"横排(或直排)文字蒙版工具"在画布上单击,图像默认会变为半透明红色,并且出现一个光标,表示可以输入文本。如果觉得文本位置不合适,将

光标放在文本的周围,当光标变为一个像移动工具的箭头时,拖曳鼠标可以移动文本的位置。输入文字后,文字将以选区的形式出现,如图7-16所示。在文字选区中,可以填充前景色、背景色及渐变色等,如图7-17所示。

图 7-16

图 7-17

## 7.2 创建与编辑文本

★ 指导学时:25分钟

在Photoshop中,可以创建点文字、段落文字、路径文字和变形文字等,输入文字以后,可以对文字进行修改,如修改文字的大小写、颜色和行距等。另外,还可以检查和更正拼写、查找和替换文本、更改文字的方向等。

### 7.2.1 随学随练:创建路径和变形文字

| 实例位置 | 实例文件 >CH07> 随学随练:创建路径和变形文字 .psd |
|---|---|
| 素材位置 | 素材文件 >CH07> 海豚 .jpg |
| 视频名称 | 创建路径和变形文字 .mp4 |
| 技术掌握 | 路径文字的创建方法、文字变形 |

本案例主要针对路径文字的创建方法进行练习,运用路径和文字变形制作出简单的文字效果,如图7-18所示。

图 7-18

01 选择"文件 > 打开"命令,打开"素材文件 >CH07> 海豚 .jpg"文件,如图7-19所示。

图 7-19

**02** 使用"横排文字工具" 在画面左侧输入一行文字，并在选项栏中设置字体为"方正卡通简体"、字号为 50 点，填充颜色为蓝色（R:6，G:113，B:145），如图 7-20 所示。

图 7-20

**03** 单击选项栏中的"创建文字变形"按钮 ，打开"变形文字"对话框，在"样式"下拉列表中选择"扇形"，其他参数设置如图 7-21 所示。

图 7-21

**04** 单击"确定"按钮，即可得到变形文字效果，如图 7-22 所示。

图 7-22

**05** 选择"图层 > 图层样式 > 描边"菜单命令，打开"图层样式"对话框，设置"大小"为 8、描边为白色，其他参数设置如图 7-23 所示。

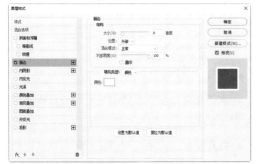

图 7-23

**06** 选择对话框左侧的"投影"样式，设置投影为黑色，其他参数设置如图 7-24 所示。

图 7-24

**07** 单击"确定"按钮，得到添加图层样式后的文字效果，如图 7-25 所示。

**08** 使用"钢笔工具" 在变形文字上方绘制一条曲线路径，然后选择"横排文字工具" ，在路径中单击，即可在路径中插入光标，如图 7-26 所示。

图 7-25　　　　　　　图 7-26

💡 **小提示**

用于排列文字的路径可以是闭合式的，也可以是开放式的。

**09** 在路径上输入文字，如果要调整文字在路径上的位置，可以选择"路径选择工具" 或"直接选择工具" ，然后将光标放在文本的起点、终点或文本上，当光标变成 状时，按住鼠标左键拖曳即可沿路径移动文字，如图 7-27 所示。

**10** 适当调整文字位置后，在"路径"面板的空白处单击即可隐藏路径，然后为文字添加与其他文字相同的图层样式，效果如图 7-28 所示。

图 7-27　　　　　　　图 7-28

**11** 使用"横排文字工具" **T.**在变形文字下方输入文字，并为其应用相同的图层样式，效果如图7-29所示。

图7-29

## 7.2.2 创建点文字与段落文字

点文字：使用"横排文字工具" **T.**在画布上单击，输入的文字称为点文字。点文字是一个水平或垂直的文本行，每行文字都是独立的，行的长度随着文字的输入而不断增加，但不会换行，如图7-30所示。

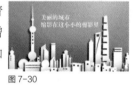

图7-30

段落文字：使用"横排文字工具" **T.**在图像中按住鼠标左键拖曳，可以绘制出一个文本框，在文本框中输入的文字称为段落文字。段落文字具有自动换行、可调整文本区域大小等优势。段落文字主要用在大量的文本中，如海报、画册等，如图7-31所示。

图7-31

## 7.2.3 创建路径文字

路径文字是指在路径上创建的文字，使用钢笔工具、直线工具或形状工具绘制路径，然后沿着该路径输入文本。文字会沿着路径排列，当改变路径形状时，文字的排列方式也会随之发生改变。

使用工具箱中的"钢笔工具" **⌀.**在图像中绘制如图7-32所示的路径，然后使用工具箱中的"横排文字工具" **T.**在路径上单击，如图7-33所示，输入文字，效果如图7-34所示。

图7-32

图7-33

图7-34

## 7.2.4 创建变形文字

输入文字以后，在文字工具的选项栏中单击"创建文字变形"按钮 **工**，打开"变形文字"对话框，在该对话框中可以选择变形文字的方式，如图7-35所示。

图7-35

**"变形文字"对话框选项介绍**

● **水平/垂直**：选择"水平"选项时，文本扭曲的方向为水平方向；选择"垂直"选项时，文本扭曲的方向为垂直方向。

● **弯曲**：用来设置文本的弯曲程度。

● **水平扭曲**：用来设置水平方向的透视扭曲变形的程度。

● **垂直扭曲**：用来设置垂直方向的透视扭曲变形的程度。

## 7.2.5 修改文字

使用文字工具输入文字以后，在"图层"面板中双击文字图层，选择所有的文字，此时可以对文字的大小、大小写、行距、字距、水平/垂直缩放等进行设置。

## 7.2.6 栅格化文字图层

Photoshop中的文字图层不能直接应用滤镜或进行扭曲、透视等变换操作，若想对文本应用这些滤镜或变换，就需要将其栅格化，使文字变成像素图像。栅格化文字图层的方法共有以下3种。

● **第1种**：在"图层"面板中选择文字图层，然后在图层名称上单击鼠标右键，接着在弹出的菜单中选择"栅格化文字"命令，如图7-36所示，就可以将文字图层转换为普通图层，如图7-37所示。

图7-36　　　　图7-37

● **第2种**：选择"文字>栅格化文字图层"菜单命令。

● **第3种**：选择"图层>栅格化>文字"菜单命令。

## 7.2.7 将文字图层转换为形状图层

选择文字图层，然后在图层名称上单击鼠标右键，接着在弹出的菜单中选择"转换为形状"命令，如图7-38所示，可以将文字图层转换为形状图层，如图7-39所示。另外，选择"文字>转换为形状"菜单命令，也可以将文字图层转换为形状图层。选择"转换为形状"命令以后，不会保留文字图层。

图7-38　　　　图7-39

## 7.2.8 将文字转换为工作路径

在"图层"面板中选择一个文字图层，如图7-40所示，然后选择"文字>创建工作路径"菜单命令，可以将文字的轮廓转换为工作路径，如图7-41所示。

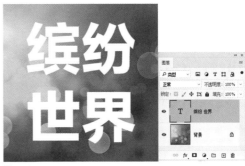

图7-40

图7-41

## 7.3 字符 / 段落面板

★ 指导学时：25分钟

文字工具的选项栏中只提供了很少的参数选项。如果要对文本进行更多的设置，就需要用到"字符"面板和"段落"面板。

## 7.3.1 随学随练：在面板中编辑段落文字

| | |
|---|---|
| 实例位置 | 实例文件 >CH07> 随学随练：在面板中编辑段落文字 .psd |
| 素材位置 | 素材文件 >CH07> 环保 .jpg |
| 视频名称 | 在面板中编辑段落文字 .mp4 |
| 技术掌握 | 设置字符和段落文字的格式 |

本案例主要练习在"字符"和"段落"面板中对文字大小、颜色的设置，以及段落格式的调整等，如图7-42所示。

图7-42

01 选择"文件 > 打开"命令，打开"素材文件 >CH07> 环保 .jpg"文件，如图 7-43 所示。

02 选择"横排文字工具" T，在画面左下方按住鼠标左键拖曳绘制出一个文本框，在其中输入两段环保文字，如图7-44所示。

图7-43　　　　图7-44

03 选择所有文字，打开"字符"面板，设置字体为"思源黑体 CN"、字号为10点、行距为12点、颜色为绿色（R:23，G:73，B:17），如图7-45所示，得到的文字效果如图 7-46 所示。

图7-45

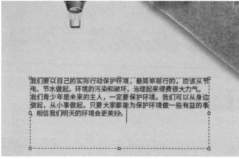

图7-46

04 打开"段落"面板，将光标插入每一段中，在"段落"面板中设置首行缩进为22点，再将光标插入第一段最后一行，设置段后添加空格为 10 点，如图 7-47 所示。

图7-47

05 使用"横排文字工具" T 在段落文字上方输入一行标题文字，并在选项栏中设置字体为"黑体"，填充与其他文本相同的绿色，适当调整文字大小，如图 7-48 所示。

06 在画面右上方再绘制一个文本框，在其中输入其他环保文字内容，并设置相同的段落格式，如图 7-49 所示。

图7-48　　　　图7-49

## 7.3.2 "字符"面板

"字符"面板中提供了比文字工具选项栏更多的调整选项，如图7-50所示。在"字符"面板中，字体系列、字体样式、字体大小、文字颜色和消除锯齿等都与工具选项栏中的选项相对应。

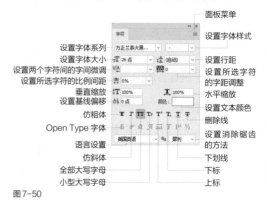

图7-50

**"字符面板"选项介绍**

- **设置行距** ⬛：行距就是上一行文字基线与下一行文字基线之间的距离。选择需要调整的文字图层，然后在"设置行距"数值框中输入行距数值或在其下拉列表中选择预设的行距值，按Enter键即可。图7-51和图7-52所示分别是行距值为60点和80点时的文字效果。

图 7-51

图 7-52

- **设置两个字符间的字距微调** ⬛：用于设置两个字符的间距。设置前先在两个字符间单击，以设置插入点，如图7-53所示，然后对数值进行设置，图7-54所示是设置间距为400点时的效果。

图 7-53　　　　　图 7-54

- **设置所选字符的字距调整** ⬛：在选择了字符的情况下，该选项用于调整所选字符的间距，如图7-55所示；在没有选择字符的情况下，该选项用于调整所有字符的间距，如图7-56所示。

图 7-55

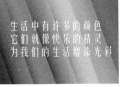
图 7-56

- **设置所选字符的比例间距** ⬛：在选择了字符的情况下，该选项用于调整所选字符的比例间距，如图7-57所示；在没有选择字符的情况下，该选项用于调整所有字符的比例间距，如图7-58所示。

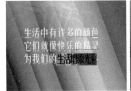
图 7-57

图 7-58

- **垂直缩放** ⬛/**水平缩放** ⬛：这两个选项用于设置字符的高度和宽度，如图7-59和图7-60所示。

图 7-59

图 7-60

- **设置基线偏移** ⬛：用于设置文字与基线的距离。该选项的设置可以升高或降低所选文字，如图7-61所示。

图 7-61

> 💡 **小提示**
>
> 在输入文字或设置文字的插入点时，会出现一条 L 形的垂直线，这条垂直线就是基线，如图7-62所示。
>
>
> 图 7-62

- **特殊字符样式**：特殊字符样式包括"仿粗体"⬛、"仿斜体"⬛、"上标"⬛和"下标"⬛等。

### 7.3.3 "段落"面板

"段落"面板提供了用于设置段落编排格式的所有选项。通过"段落"面板，可以设置段落文本的对齐方式和缩进量等参数，如图7-63所示。

右对齐文本
居中对齐文本
左对齐文本

最后一行左对齐
最后一行居中对齐
最后一行右对齐
面板菜单
全部对齐

左缩进
首行缩进
段前添加空格

右缩进
段后添加空格

图7-63

### "段落"面板选项介绍

● **左对齐文本**▤：文字左对齐，段落右端参差不齐。

● **居中对齐文本**▤：文字居中对齐，段落两端参差不齐。

● **右对齐文本**▤：文字右对齐，段落左端参差不齐。

● **最后一行左对齐**▤：最后一行左对齐，其他行左右两端强制对齐，如图7-64所示。

● **最后一行居中对齐**▤：最后一行居中对齐，其他行左右两端强制对齐，如图7-65所示。

图7-64　　　　　　　　图7-65

● **最后一行右对齐**▤：最后一行右对齐，其他行左右两端强制对齐，如图7-66所示。

● **全部对齐**▤：在字符间添加额外的间距，使文本左右两端强制对齐，如图7-67所示。

图7-66　　　　　　　　图7-67

● **左缩进**▸▤：用于设置段落文本向右（横排文字）或向下（直排文字）的缩进量，图7-68所示是设置"左缩进"为15点时的段落效果。

● **右缩进**▤◂：用于设置段落文本向左（横排文字）或向上（直排文字）的缩进量，图7-69所示是设置"右缩进"为20点时的段落效果。

图7-68　　　　　　　　图7-69

● **首行缩进**▸▤：用于设置段落文本中每个段落的第1行文字向右（横排文字）或第1列文字向下（直排文字）的缩进量，图7-70所示是设置"首行缩进"为30点时的段落效果。

● **段前添加空格**▤：设置光标所在段落与前一个段落的间隔距离，图7-71所示是设置"段前添加空格"为30点时的段落效果。

图7-70　　　　　　　　图7-71

● **段后添加空格**▤：设置当前段落与另外一个段落的间隔距离，图7-72所示是设置"段后添加空格"为20点时的段落效果。

图7-72

● **避头尾法则设置**：不能出现在一行的开头

或结尾的字符称为避头尾字符，Photoshop提供了基于标准JIS的宽松和严格的避头尾集，宽松的避头尾设置忽略长元音字符和小平假名字符。选择"JIS宽松"或"JIS严格"选项时，可以防止在一行的开头或结尾出现不能使用的字母。

● **间距组合设置**：间距组合是为日语字符、罗马字符、标点和特殊字符在行开头、行结尾和数字的间距指定日语文本编排。选择"间距组合1"选项，可以对标点使用半角间距；选择"间距组合2"选项，可以对行中除最后一个字符外的大多数字符使用全角间距；选择"间距组合3"选项，可以对行中的大多数字符和最后一个字符使用全角间距；选择"间距组合4"选项，可以对所有字符使用全角间距。

● **连字**：勾选该选项以后，在输入英文单词时，如果段落文本框的宽度不够，英文单词将自动换行，并在单词之间用连字符连接起来，如图7-73所示。

图7-73

## 7.4 扩展练习

本章介绍了文字创建工具的用法，以及创建与编辑文本的方法等内容。通过对这一章内容的学习，读者可以制作出各式各样的文字效果。

### 扩展练习：制作彩色版面文字

| 实例位置 | 实例文件 >CH07> 扩展练习：制作彩色版面文字 .psd |
| --- | --- |
| 素材位置 | 素材文件 >CH07> 贝壳 .psd |
| 视频名称 | 扩展练习：制作彩色版面文字 .mp4 |
| 技术掌握 | 选择文字填充颜色 |

本练习将使用"横排文字工具" **T.** 输入文字，然后分别选择文字，填充不同的颜色，得到彩色文字效果，如图7-74所示。

图7-74

**01** 新建一个文档，选择"渐变工具"为背景应用粉色径向渐变填充，然后打开"素材文件>CH07> 贝壳 .psd"文件，将其放到画面边缘，如图 7-75 所示。

**02** 使用"横排文字工具" **T.** 在图像中输入文字，填充颜色为白色，并在选项栏中设置字体为"黑体"，如图 7-76 所示。

图7-75　　　　　图7-76

**03** 在文字中插入光标选择部分文字，填充颜色为黄色和蓝色，效果如图 7-77 所示。

**04** 在画面上方输入文字，然后绘制几个细长的白色矩形，最终效果如图 7-78 所示。

图7-77　　　　　　　　图7-78

### 扩展练习：制作棉花文字

| 实例位置 | 实例文件 >CH07> 扩展练习：制作棉花文字 .psd |
|---|---|
| 素材位置 | 素材文件 >CH07> 蒲公英 .jpg |
| 视频名称 | 制作棉花文字 .mp4 |
| 技术掌握 | 将文字转换为路径的运用 |

本练习将结合文字工具、图层混合模式和"画笔工具" 的使用，制作出可爱的棉花文字，如图7-79所示。

图7-79

01 打开"素材文件 >CH07> 蒲公英 .jpg"文件，然后使用"横排文字工具" **T.** 输入文字并将文字适当倾斜，如图 7-80 所示。

02 打开"变形文字"对话框，对文字应用扇形效果，然后调整图层混合模式和不透明度，如图 7-81 所示。

图7-80　　　　　　　　图7-81

03 新建一个图层，并将文字转换为路径。选择"画笔工具" ，在"画笔设置"面板中设置画笔样式，然后填充文字边缘，接着创建一行较小的路径文字，效果如图 7-82 所示。

图7-82

第 8 章

# 路径与矢量工具

**本章导读**

众所周知，Photoshop 是一款强大的位图处理软件，但它在矢量图的处理上也毫不逊色，可以使用钢笔工具和形状工具绘制矢量图形，然后通过控制锚点来调整矢量图的形状。

**本章学习任务**

认识路径与锚点

绘制路径

调整路径

认识形状工具组

## 8.1 创建路径

★ 指导学时：30分钟

使用Photoshop中的"钢笔工具"和形状工具绘图时，首先要了解使用这些工具可以绘制出什么图形，也就是通常所说的绘图模式。而在了解了绘图模式之后，就需要了解路径与锚点之间的关系，因为在使用"钢笔工具"等矢量工具绘图时，基本上都会涉及这些内容，掌握这些内容才能更好地创建出路径。

### 8.1.1 随学随练：制作雪地靴广告

| | |
|---|---|
| 实例位置 | 实例文件 >CH08> 随学随练：制作雪地靴广告 .psd |
| 素材位置 | 素材文件 >CH08> 鞋子 .jpg、粉色树叶 .psd |
| 视频名称 | 制作雪地靴广告 .mp4 |
| 技术掌握 | "钢笔工具"的使用方法 |

本案例主要针对"钢笔工具"的使用方法进行练习，案例效果如图8-1所示。

图8-1

01 选择"文件 > 新建"菜单命令，打开"新建文档"对话框，设置文件名称为"雪地靴广告"，"宽度"和"高度"均为20厘米，其他参数设置如图8-2所示。

图8-2

02 设置前景色为淡粉色( R:241,G:225,B:220 )，按快捷键Alt+Delete用前景色填充背景，如图8-3所示。

图8-3

03 选择"钢笔工具"，在选项栏中设置工具

模式为"形状"，填充颜色为粉红色，然后在图像下方单击，确定起点，向右侧移动鼠标并单击，得到一条直线，如图 8-4 所示。向下移动鼠标并单击绘制折线，接着向左移动鼠标并单击继续绘制折线，得到一个四边形，如图 8-5 所示。

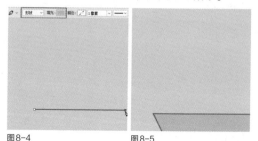

图8-4　　　　　　　图8-5

04 选择"形状1"图层，按快捷键 Ctrl+G 创建一个图层组，重命名为"背景"，如图 8-6 所示。

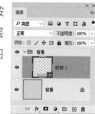

图8-6

05 将选项栏中的填充颜色设置为淡粉色( R:249，G:241，B:240 )，使用"钢笔工具"绘制另一个面，效果如图 8-7 所示。

06 使用相同的方式在画面左侧再绘制 3 个四边形，得到一个立体图像，如图 8-8 所示。

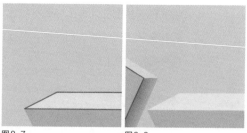

图8-7　　　　　　　图8-8

07 新建一个图层，并将其放到"图层"面板底层，然后设置前景色为暗粉色( R:252，G:235，B:243 )，使用"画笔工具"在左侧的立体图像中绘制阴影，效果如图 8-9 所示。

08 新建一个图层，使用"椭圆选框工具"在图像中绘制一个圆形选区，填充颜色为白色，放到画面右上方，如图 8-10 所示。

图 8-9　　　　　图 8-10

⑨ 双击该图层，打开"图层样式"对话框，选择"外发光"样式，设置外发光颜色为粉红色（R:236，G:180，B:182），其他参数设置如图 8-11 所示，单击"确定"按钮，为图像应用外发光效果，如图 8-12 所示。

图 8-11　　　　　图 8-12

⑩ 选择"横排文字工具"，在白色圆形中输入文字，然后在选项栏中设置卡通字体，填充颜色为粉红色（R:222，G:152，B:145），并在文字上下两侧绘制两个椭圆图形，如图 8-13 所示。

⑪ 打开"素材文件 >CH08> 鞋子 .jpg"文件，选择"钢笔工具"，在选项栏中设置工具模式为"路径"，然后在鞋子边缘单击作为起点，沿着鞋子边缘继续单击，按住鼠标左键拖曳绘制出曲线，如图 8-14 所示。

图 8-13　　　　　图 8-14

⑫ 按住 Alt 键单击控制杆中间的节点，减去半截控制杆，然后按住 Ctrl 键拖曳剩余的半截控制杆

调整路径，如图 8-15 所示，接着使用相同的方式沿着鞋子的外轮廓绘制路径，如图 8-16 所示。

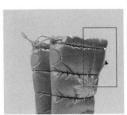

图 8-15　　　　　图 8-16

⑬ 调整好路径后，回到"路径"面板中，可以看到创建的工作路径，如图 8-17 所示，单击面板下方的"将路径作为选区载入"按钮得到选区，使用"移动工具"将选区内的图像直接拖曳到广告画面中，适当调整大小，放到图像右侧，如图 8-18 所示。

图 8-17　　　　　图 8-18

⑭ 选择"橡皮擦工具"，适当擦除鞋子底部的阴影图像，使其边缘更加柔和，效果如图 8-19 所示。

⑮ 选择"圆角矩形工具"，在选项栏中设置工具模式为"形状"，设置填充颜色为白色、"半径"为 20 像素，在画面底部绘制一个圆角矩形，如图 8-20 所示。

图 8-19　　　　　图 8-20

⑯ 在"图层"面板中双击圆角矩形图层，打开"图

层样式"对话框，选择"投影"样式，设置投影为黑色，其他参数设置如图8-21所示，单击"确定"按钮，得到投影效果，如图8-22所示。

图8-21

图8-22

⑰ 选择"横排文字工具" T ，在白色圆角矩形中输入文字，并在选项栏中设置左边文字的字体为"方正琥珀简体"、右边数字的字体为"方正粗圆简体"，填充颜色为玫红色（R:206，G:54，B:84），如图8-23所示。

⑱ 打开"素材文件 >CH08> 粉色树叶 .psd"文件，使用"移动工具" ➕ 将其拖曳到当前编辑的图像中，分别放到画面两侧，如图8-24所示。

图8-23

图8-24

⑲ 使用"横排文字工具" T 在画面左侧输入广告文字，分别填充颜色为红色（R:207，G:65，B:91）和白色，并为文字添加"投影"和"外发光"等图层样式，效果如图8-25所示。

图8-25

## 8.1.2 认识绘图模式

使用Photoshop中的钢笔工具和形状工具可以绘制出很多图形，包括"形状""路径""像素"3种，如图8-26所示。在绘图前，首先要在工具选项栏中选择一种绘图模式，然后才能进行绘制。

图8-26

### ◆ 1. 形状

在选项栏中选择"形状"绘图模式，可以在单独的形状图层中创建形状图形，并且保留在"路径"面板中，如图8-27所示。路径可以转换为选区或创建矢量蒙版，当然也可以对路径进行描边或填充。

图8-27

### ◆ 2. 路径

在选项栏中选择"路径"绘图模式，可以创建工作路径。工作路径不会出现在"图层"面板中，只出现在"路径"面板中，如图8-28所示。

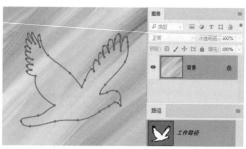
图8-28

### ◆ 3. 像素

在选项栏中选择"像素"绘图模式，可以在当前图像上创建栅格化的图像，即位图，如图8-29所示。这种绘图模式不能创建矢量图，因此"路径"面板中也不会出现路径。

图8-29

## 8.1.3 认识路径与锚点

路径和锚点是同时存在的，有路径就必然存在锚点，锚点又是为了调整路径而存在的。

◆ 1. 路径

路径是一种轮廓，主要有以下5种用途。

* 可以使用路径作为矢量蒙版来隐藏图层区域。

* 将路径转换为选区。

* 可以将路径保存在"路径"面板中，以备随时使用。

* 可以使用颜色填充或描边路径。

* 将图像导出到页面排版或矢量编辑程序时，将已存储的路径指定为剪贴路径，可以使图像的一部分变为透明区域。

路径可以使用钢笔工具和形状工具来绘制，绘制的路径可以是开放式、闭合式和组合式的，图8-30所示为开放式路径，图8-31所示为闭合式路径，图8-32所示为组合式路径。

图8-30

图8-31

图8-32

◆ 2. 锚点

路径由一条或多条直线段或曲线段组成，锚点用于标记路径段的端点。在曲线段上，每个选中的锚点显示一条或两条方向线，方向线以方向点结束，方向线和方向点的位置共同决定了曲线段的长短和形状，如图8-33所示。锚点分为平滑点和角点两种类型。由平滑点连接的路径段可以形成平滑的曲线，如图8-34所示；由角点连接起来的路径段可以形成直线或转折曲线，如图8-35所示。

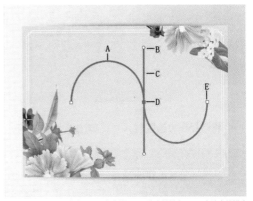

A- 曲线段；B- 方向点；C- 方向线；D- 选中的锚点；E- 未选中的锚点
图8-33

图8-34

图8-35

## 8.1.4 "路径"面板

当用户在图像中绘制了多种路径后，选择"窗口>路径"菜单命令，打开"路径"面板，可以在其中查看创建的路径，如图8-36所示，其面板菜单如图8-37所示。

面板菜单
保存的路径
工作路径
矢量蒙版
创建新路径
用前景色填充路径
用画笔描边路径
将路径作为选区载入
从选区生成工作路径
添加蒙版
删除当前路径

图8-36　　　　　　　图8-37

### "路径"面板选项介绍

● **用前景色填充路径** ●：单击该按钮，可以用前景色填充路径区域。

● **用画笔描边路径** ○：单击该按钮，可以用设置好的"画笔工具" ✐对路径进行描边，如图8-38所示。

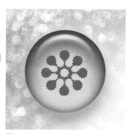

图8-38

● **将路径作为选区载入** ⸭：单击该按钮，可以将路径转换为选区。

● **从选区生成工作路径** ⬟：如果当前文档中存在选区，如图8-39所示，单击该按钮，可以将选区转换为工作路径，如图8-40所示。

图8-39　　　　　　　图8-40

● **添加蒙版** ▣：单击该按钮，可以从当前选定的路径生成蒙版。如图8-41所示，在"图层2"中的黄色圆形中绘制一个形状，然后单击"路径"面板底部的"添加图层蒙版"按钮，可以用

当前路径为当前图层添加一个矢量蒙版，如图8-42和图8-43所示。

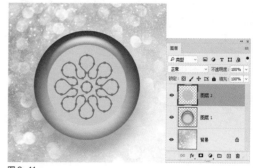

图8-41

图8-42

图8-43

● **创建新路径** ▣：单击该按钮，可以创建一个新的路径。

● **删除当前路径** 🗑：将路径拖曳到该按钮上，可以将其删除。

### 8.1.5 绘制与运算路径

"钢笔工具" ✐是常用的路径绘制工具，使用该工具可以绘制任意形状的直线或曲线路径，并且还能通过运算绘制出复杂路径。"钢笔工具" ✐的选项栏如图8-44所示。

图8-44

### "钢笔工具"选项栏主要选项介绍

● 单击"选区"按钮 选区... ，可以将当前路径转换为选区。

● 单击"蒙版"按钮 蒙版 ，可以基于当前路径为当前图层创建矢量蒙版。

● 单击"形状"按钮 形状 ，可以将当前路径转换为形状。

如果要使用钢笔工具或形状工具创建多个子路径或子形状，可以在工具选项栏中单击"路径操作"按钮 ，然后在弹出的下拉菜单中选择一种运算方式，以确定子路径的重叠区域会产生什么样的交叉结果，如图8-45所示。

图8-45

下面通过一个形状图层来讲解路径的运算方法。图8-46所示是原有的蝴蝶图形，图8-47所示是要添加到蝴蝶图形上的剪刀图形。

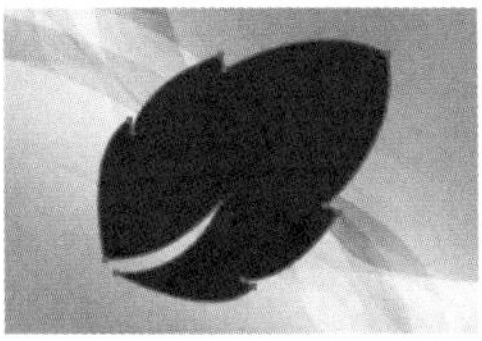

图8-46 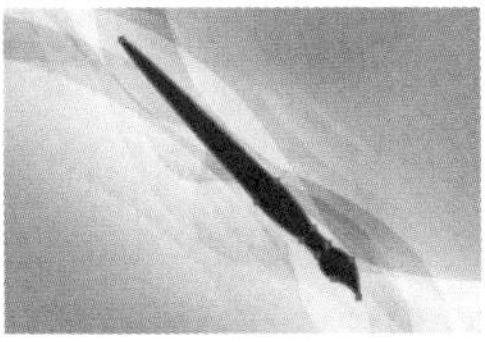　　　　图8-47

### 路径运算方式介绍

● **新建图层** ：选择该选项，可以新建形状图层。

● **合并形状** ：选择该选项，新绘制的图形将添加到原有的形状中，两个形状合并为一个形状，如图8-48所示。

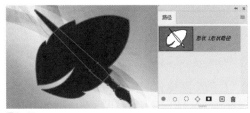

图8-48

● **减去顶层形状** ：选择该选项，可以从原有的形状中减去新绘制的形状，如图8-49所示。

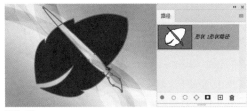

图8-49

● **与形状区域相交** ：选择该选项，可以得到新形状与原有形状的交叉区域，如图8-50所示。

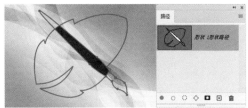

图8-50

● **排除重叠形状** ：选择该选项，可以得到新形状与原有形状重叠部分以外的区域，如图8-51所示。

图8-51

● **合并形状组件** ：选择该选项，可以合并重叠的形状组件。

## 8.2 编辑路径

★ 指导学时：90分钟

路径绘制好以后，如果需要进行修改，可

以使用控制锚点的方法调整路径的形状。除此以外，还可以对路径进行变换、填充和描边等操作。

## 8.2.1 随学随练：制作鲜橙水果海报

| | |
|---|---|
| 实例位置 | 实例文件 >CH08> 随学随练：制作鲜橙水果海报 .psd |
| 素材位置 | 素材文件 >CH08> 背景 .jpg、标题 .psd、文字和素材 .psd |
| 视频名称 | 制作鲜橙水果海报 .mp4 |
| 技术掌握 | 调整锚点的方法 |

本案例主要针对锚点的调整方法进行练习，通过调整路径上的锚点绘制出卡通橘子，然后添加文字制作海报图像，如图8-52所示。

图 8-52

01 按快捷键 Ctrl+N 新建一个文档，具体参数设置如图 8-53 所示，然后打开"素材文件 >CH08> 背景 .jpg"文件，使用"移动工具" ⊕. 将其拖曳到当前编辑的图像中，并适当调整大小，使其布满整个画面，如图 8-54 所示。

图 8-53　　　　　图 8-54

02 绘制卡通橘子形象。新建一个图层，使用"钢

笔工具" ∅. 在图像中单击作为起点，然后到另一个地方再次单击，并按住鼠标左键拖曳得到一条曲线和一个控制杆，如图 8-55 所示。

03 按住 Alt 键单击控制杆中间的节点，减去半边控制杆，继续在其他位置单击，并按住 Ctrl 键通过拖曳控制杆来调整曲线的弧度，如图 8-56 所示。

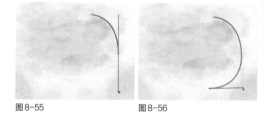

图 8-55　　　　　图 8-56

04 使用相同的方式绘制出其他曲线段，并回到起点处单击，得到一条闭合的曲线，效果如图 8-57 所示。

05 下面来调整路径。选择"删除锚点工具" ∅. ，将鼠标指针放到路径左上方的锚点中，当鼠标指针变为 ↘. 状时单击可以减去该锚点，如图 8-58 所示。

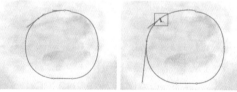

图 8-57　　　　　图 8-58

06 减去锚点后，选择"直接选择工具" ▷. ，单击最左侧的锚点，按住鼠标左键拖曳，可以调整曲线的位置，如图 8-59 所示。选择最上方的控制杆，向外拖曳，可以调整曲线的弧度，如图 8-60 所示。

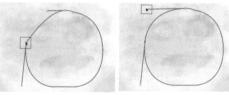

图 8-59　　　　　图 8-60

07 按快捷键 Ctrl+Enter 将路径转换为选区，

填充颜色为橘黄色（R:255，G:149，B:39），如图8-61所示。

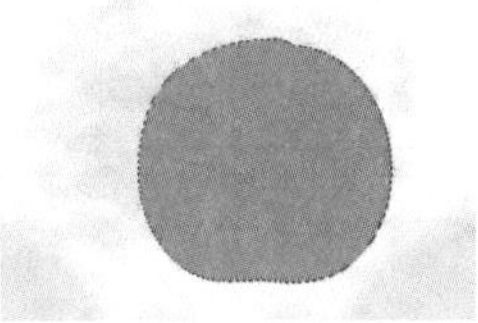

图8-61

08 使用"椭圆选框工具" 在橘子图像中绘制两个圆形选区，填充颜色为黑色，如图8-62所示，得到卡通橘子的眼睛图像。然后使用"铅笔工具" 在眼睛下方绘制一个弯弯的嘴巴，如图8-63所示。

图8-62　　　　　　　　图8-63

09 选择"钢笔工具" ，在选项栏中设置工具模式为"形状"，填充颜色为绿色（R:14，G:156，B:37），在橘子图像左上方绘制一个树叶图形，如图8-64所示。

10 按快捷键Ctrl+J复制一次树叶图像，并适当缩小，在选项栏中改变填充颜色为淡绿色（R:82，G:170，B:40）。使用"钢笔工具" 在树叶中绘制叶脉图形，填充颜色为深绿色（R:16，G:104，B:38），如图8-65所示。

图8-64 　　　　　　　　图8-65

11 设置前景色为白色，选择"铅笔工具" ，适当调整画笔大小，在卡通橘子图像中绘制出白色高光图像。使用"钢笔工具" 在树叶中绘制出白色高光图像，并在橘子图像右侧绘制出月牙形状的阴影图像，填充颜色为深橘色（R:255，G:100，B:0），如图8-66所示。

12 选择"钢笔工具" ，使用"形状"工具模式，设置颜色为橘黄色（R:255，G:100，B:0），绘制一个橘瓣图形，如图8-67所示。

图8-66　　　　　　　　图8-67

13 在橘瓣中绘制纹路图像，填充颜色为深橘色（R:255，G:100，B:0），如图8-68所示。

14 选择"椭圆工具" ，在选项栏中选择工具模式为"形状"，填充颜色为橘黄色（R:255，G:149，B:39），在橘子和橘瓣下方绘制两个不同大小的椭圆形，如图8-69所示。

图8-68　　　　　　　　图8-69

15 在"图层"面板中降低该图层的不透明度为40%，得到透明投影效果，如图8-70所示。

16 选择"钢笔工具" ，在选项栏中设置填充颜色为黄色（R:252，G:201，B:0），在橘子图像左侧绘制两个星形图像，如图8-71所示。

图8-70　　　　　　　　图8-71

> **小提示**
>
> 在调整锚点的过程中，通常需要耐心地对每一个锚点进行细致的调整，才能使绘制的路径曲线更加圆滑、美观。

17 选择"多边形工具" ，在选项栏中设置填充颜色为黄色（R:252，G:201，B:0），描边为土红色（R:64，G:28，B:28），"边"为16，单

击选项栏右侧的 ⚙ 按钮，在弹出的面板中设置参数，如图 8-72 所示，然后在橘子图像右上方绘制一个多边形，如图 8-73 所示。

图 8-72

图 8-73

⑱ 使用"横排文字工具" **T** 在多边形中输入文字，在选项栏中设置字体为"汉仪蝶语体简"，适当调整文字大小并旋转，如图 8-74 所示。

图 8-74

⑲ 打开"素材文件 >CH08> 标题 .psd"文件，使用"移动工具" ✛ 将其拖曳到当前编辑的图像中，放到画面上方，如图 8-75 所示。

⑳ 打开"素材文件 >CH08> 文字和素材 .psd"文件，使用"移动工具" ✛ 分别将文字和素材图像拖曳到当前编辑的图像中，参照如图 8-76 所示的方式排列文字和素材图像，案例制作完成。

图 8-75　　　　　图 8-76

## 8.2.2 在路径上添加锚点

使用"添加锚点工具" ⌀ 可以在路径上添加锚点。将鼠标指针放在路径上，如图 8-77 所

示，当鼠标指针变成 ♣ 状时，在路径上单击即可添加一个锚点，如图 8-78 所示。添加锚点后，可以用"直接选择工具" ▶ 对锚点进行编辑，如图 8-79 所示。

图 8-77

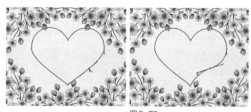
图 8-78　　　　　图 8-79

## 8.2.3 删除路径上的锚点

使用"删除锚点工具" ⌀ 可以删除路径上的锚点。将鼠标指针放在锚点上，如图 8-80 所示，当鼠标指针变成 ♣ 状时，单击即可删除锚点，如图 8-81 所示。

图 8-80　　　　　图 8-81

> 💡 小提示
>
> 路径上的锚点越多，这条路径就越复杂，而越复杂的路径就越难编辑，这时建议先使用"删除锚点工具" ⌀ 删除多余的锚点，降低路径的复杂程度后，再对其进行相应的调整。

## 8.2.4 转换路径上的点

"转换点工具" 主要用来转换锚点的类型。在平滑点上单击，可以将平滑点转换为角点，如图8-82所示；在角点上单击，然后拖曳鼠标，可以将角点转换为平滑点，如图8-83所示。

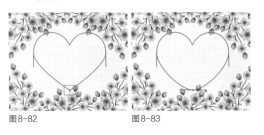

图8-82　　　　　图8-83

## 8.2.5 路径选择工具组

使用"路径选择工具" 可以选择单个的路径，也可以选择多个路径，同时还可以用来组合、对齐和分布路径，其选项栏如图8-84所示。

图8-84

> 💡 小提示
>
> "移动工具"不能用来选择路径，只能用来选择图像，只有用"路径选择工具"才能选择路径。

## 8.2.6 直接选择工具

"直接选择工具" 主要用来选择路径上的单个或多个锚点，可以移动锚点、调整方向线，如图8-85和图8-86所示。"直接选择工具" 的选项栏如图8-87所示。

图8-85　　　　　图8-86

图8-87

## 8.2.7 变换路径

变换路径与变换图像的方法完全相同。在"路径"面板中选择路径，然后选择"编辑>自由变换路径"菜单命令或选择"编辑>变换路径"菜单下的命令，即可对其进行相应的变换，如图8-88所示。

图8-88

## 8.2.8 将路径转换为选区

使用钢笔工具或形状工具绘制出路径，如图8-89所示，可以通过以下3种方法将路径转换为选区。

图8-89

● **第1种**：直接按快捷键Ctrl+Enter载入路径的选区，如图8-90所示。

● **第2种**：在路径上单击鼠标右键，然后在弹出的菜单中选择"建立选区"命令，如图8-91所示。另外，也可以在选项栏中单击 选区… 按钮。

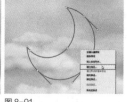

图8-90　　　　　　　　图8-91

● **第3种：** 按住Ctrl键在"路径"面板中单击路径的缩览图，或单击"将路径作为选区载入"按钮，如图8-92所示。

图8-92

## 8.2.9 填充路径与形状

绘制好路径与形状后，可以给路径与形状填充颜色、图案和渐变色。

◆ 1. 填充路径

使用钢笔工具或形状工具绘制出路径以后，在"路径"面板中单击鼠标右键，然后在弹出的菜单中选择"填充路径"命令，如图8-93所示。打开"填充路径"对话框，在该对话框中可以设置需要填充的内容，如图8-94所示。图8-95所示是用图案填充路径以后的效果。

图8-93

图8-94　　　　　　　　图8-95

◆ 2. 填充形状

使用钢笔工具或形状工具绘制出形状图层，如图8-96所示，然后在选项栏中单击"设置形状填充类型"按钮，在弹出的面板中可以选择纯色、渐变或图案对形状进行填充，如图8-97所示。

图8-96

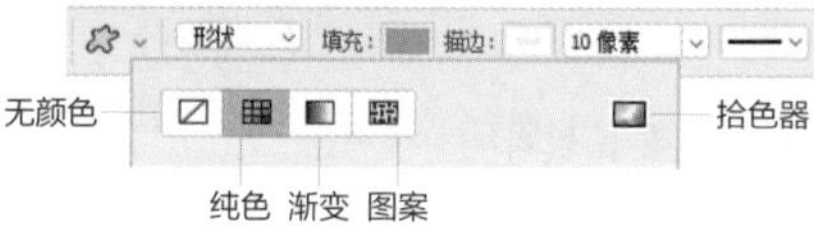

图8-97

**形状填充类型介绍**

● **无颜色** ：单击该按钮，表示不应用填充，但会保留形状路径，如图8-98所示。

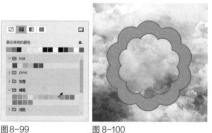

图8-98

● **纯色** ：单击该按钮，在弹出的颜色选择面板中选择一种颜色，可以用纯色对形状进行填充，如图8-99和图8-100所示。

图8-99　　　　　　图8-100

● **渐变** ：单击该按钮，在弹出的渐变选择面板中选择一种颜色，可以用渐变色对形状进行填充，如图8-101和图8-102所示。

图 8-101　　　　图 8-102

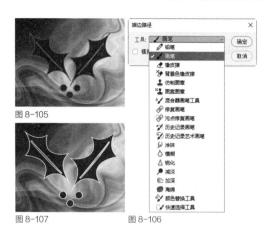

图 8-105

图 8-107　　　　图 8-106

- **图案** ▦：单击该按钮，在弹出的图案选择面板中选择一种图案，可以用图案对形状进行填充，如图8-103和图8-104所示。

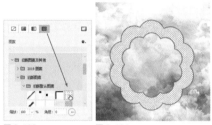

图 8-103　　　　图 8-104

- **拾色器**▧：在对形状填充纯色或渐变色时，可以单击该按钮打开"拾色器（填充颜色）"对话框，然后选择一种颜色作为纯色或渐变色。

## 8.2.10 描边路径与形状

描边路径和形状是一个非常重要的功能，在描边之前需要先设置好描边工具的参数。

### ◆ 1. 描边路径

使用钢笔工具或形状工具绘制出路径以后，在"路径"面板中单击鼠标右键，在弹出的菜单中选择"描边路径"，如图8-105所示，可以打开"描边路径"对话框，在该对话框中可以选择描边的工具，如图8-106所示，图8-107所示是使用画笔描边路径的效果。

> **小提示**
>
> 设置好画笔参数后，按 Enter 键可以直接为路径描边。另外，"描边路径"对话框中有一个"模拟压力"选项，勾选该选项，可以使描边的线条产生比较明显的粗细变化，如图 8-108 所示。 
>
> 图 8-108

### ◆ 2. 描边形状

使用钢笔工具或形状工具绘制出形状图层以后，可以在选项栏中单击"设置形状描边类型"按钮▧，在弹出的面板中可以选择纯色、渐变或图案对形状进行填充，如图8-109所示。

图 8-109

**形状描边类型介绍**

- **无颜色**▧：单击该按钮，表示不应用描边，但会保留形状路径。

- **纯色**▦：单击该按钮，在弹出的颜色选择面板中选择一种颜色，可以用纯色对形状进行描边。

- **渐变**▦：单击该按钮，在弹出的渐变选择面板中选择一种颜色，可以用渐变色对形状进行描边，如图8-110所示。

● **图案** ：单击该按钮，在弹出的图案选择面板中选择一种图案，可以用图案对形状进行描边，如图8-111所示。

图 8-110

图 8-111

● **拾色器** ：在对形状描边纯色或渐变色时，可以单击该按钮打开"拾色器（填充颜色）"对话框，然后选择一种颜色作为纯色或渐变色。

● **设置形状描边宽度** ：用于设置描边的宽度。

● **设置形状描边类型** ：单击该按钮，可以设置描边的样式等选项，如图8-112所示。

图 8-112

● **描边样式**：选择描边的样式，包括实线、虚线和圆点线3种。

对齐：选择描边与路径的对齐方式，包括内部 、居中 和外部 3种。

端点：选择路径端点的样式，包括端面 、圆形 和方形 3种。

角点：选择路径转折处的样式，包括斜接 、圆形 和斜面 3种。

更多选项 ：单击该按钮，可以打开"描边"对话框，如图8-113所示。在该对话框中除了可以设置上面的选项以外，还可以设置虚线的间距。

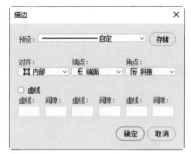

图 8-113

## 8.3 形状工具组

★ 指导学时：40分钟

使用Photoshop中的形状工具可以创建出很多种矢量形状，这些工具包括"矩形工具" 、"圆角矩形工具" 、"椭圆工具" 、"多边形工具" 、"直线工具" 和"自定形状工具" 。

### 8.3.1 随学随练：在花朵中添加图形

| 实例位置 | 实例文件 >CH08> 随学随练：在花朵中添加图形 .psd |
| --- | --- |
| 素材位置 | 素材文件 >CH08> 水彩绒花 .jpg、水彩花朵 .png、淡紫色花朵 .png |
| 视频名称 | 在花朵中添加图形 .mp4 |
| 技术掌握 | 调整锚点的方法 |

本案例主要针对锚点的调整方法进行练习，通过调整路径上的锚点制作艺术字，如图8-114所示。

图 8-114

01 打开"素材文件 >CH08> 水彩绒花 .jpg"文件，如图 8-115 所示，下面将在该图像中使用形状工具添加图形。

02 选择"椭圆工具" ，在选项栏中设置工具模式为"形状"、填充为"无"，单击"描边"右侧的方框，在弹出的面板中选择白色，然后设置形状描边宽度为 4 点，如图 8-116 所示。

图 8-115 图 8-116

03 按住 Shift 键在图像中绘制一个描边圆形，这时在"图层"面板中将得到一个形状图层，如图 8-117 所示。

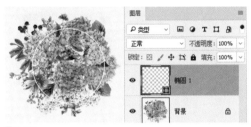

图 8-117

04 按快捷键 Ctrl+J 复制一次该图层，按快捷键 Ctrl+T 出现自由变换框后，按住 Alt 键向中心缩小图形，然后在选项栏中改变填充颜色为白色、描边为无，如图 8-118 所示。

图 8-118

05 在"图层"面板中设置该图层的不透明度为 60%，得到透明圆形，如图 8-119 所示。

图 8-119

06 按快捷键 Ctrl+J 再次复制图层，改变其图层不透明度为 100%，如图 8-120 所示。然后选择

"矩形工具" ，单击选项栏中的"路径操作"按钮 ，在弹出的面板中选择"减去顶层形状"命令，如图 8-121 所示。

图 8-120 图 8-121

07 设置好选项栏后，在圆形中绘制一个矩形，得到减去图形效果，如图 8-122 所示。

08 打开"素材文件 >CH08> 水彩花朵 .png、淡紫色花朵 .png"文件，使用"移动工具" 将其拖曳到当前编辑的图像中，分别放到圆形图像两侧，如图 8-123 所示。

图 8-122 图 8-123

09 使用"横排文字工具" 在圆形图像中间输入文字，设置第 1 行文字的字体为"方正粗倩简体"、第 2 行文字的字体为"黑体"，然后填充颜色为紫色（R:82,G:61,B:141），如图 8-124 所示。

图 8-124

10 选择"图层 > 图层样式 > 描边"菜单命令，打开"图层样式"对话框，设置描边颜色为白色，其他参数设置如图 8-125 所示。

11 在"图层样式"对话框中选择"投影"样式，设置投影颜色为黑色，其他参数设置如图 8-126 所示，单击"确定"按钮得到添加图层样式后的效果，如图 8-127 所示。

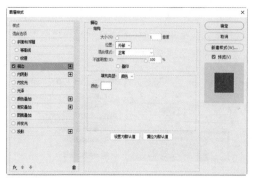

图 8-125

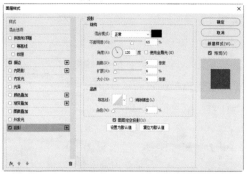

图 8-126

图 8-127

12 使用"横排文字工具" T 在圆形上下两处输入数字和英文文字,填充颜色为紫色(R:82,G:61,B:141),并在选项栏中设置字体为 Times New Roman,效果如图 8-128 所示。

13 选择"自定形状工具" ,在选项栏中设置工具模式为"形状",颜色为紫色(R:82,G:61,

B:141),然后单击"形状"右侧的三角形按钮,在弹出的面板中选择"鸟 1"图形,如图 8-129所示。

图 8-128

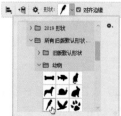

图 8-129

14 在数字左侧按住鼠标左键拖曳,绘制出小鸟图形,如图 8-130所示。

图 8-130

15 再次打开自定形状面板,在其中分别选择"箭头 6"和"领结"图形,如图 8-131 和图 8-132所示。

图 8-131

图 8-132

16 在第 2 行文字中间绘制出领结图形,然后在英文文字两端绘制出箭头图形,效果如图8-133 所示。

图 8-133

### 8.3.2 矩形工具

使用"矩形工具" 可以创建出正方形和矩形,其使用方法与"矩形选框工具" 类似。在绘制时，按住Shift键可以绘制出正方形；按住Alt键可以以鼠标单击点为中心绘制矩形；按住快捷键Shift+Alt可以以鼠标单击点为中心绘制正方形。"矩形工具" ▢ 的选项栏如图8-134所示。

图 8-134

### "矩形工具"选项介绍

● **矩形选项** ⚙ ：单击该按钮，可以在弹出的下拉面板中设置矩形的创建方法，如图8-135所示。

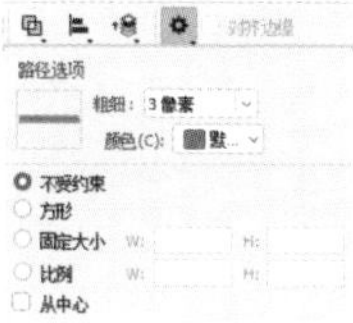

● **不受约束**：勾选该选项，可以绘制出任意大小的矩形。

● **方形**：勾选该选项，可以绘制出任意大小的正方形。

● **固定大小**：勾选该选项后，可以在其后面的数值输入框中输入宽度（W）和高度（H），然后在图像上单击即可创建出矩形。

● **比例**：勾选该选项后，可以在其后面的数值输入框中输入宽度（W）和高度（H）比例，此后创建的矩形始终保持这个比例。

● **从中心**：以任意方式创建矩形时，勾选该选项，鼠标单击点即为矩形的中心。

● **对齐边缘**：勾选该选项后，可以使矩形的边缘与像素的边缘相重合，这样图形的边缘就不会出现锯齿，反之则会出现锯齿。

### 8.3.3 圆角矩形工具

使用"圆角矩形工具" ▢ 可以创建出具有圆角效果的矩形，其创建方法和选项与"矩形工具"相同，只是多了一个"半径"选项，如图8-136所示。"半径"选项用来设置圆角的

半径，值越大，圆角越大，图8-137和图8-138所示分别是"半径"为10像素和50像素的圆角矩形。

图 8-136

图 8-137　　　　　图 8-138

### 8.3.4 椭圆工具

使用"椭圆工具" ⬭ 可以创建出椭圆和圆形，如图8-139所示。如果要创建椭圆，可以拖曳鼠标进行创建；如果要创建圆形，可以按住Shift键或快捷键Shift+Alt（以鼠标单击点为中心）进行创建。

图 8-139

### 8.3.5 多边形工具

使用"多边形工具" ⬠ 可以创建出正多边形（最少为3条边）和星形，其设置选项如图8-140所示。

图 8-140

### "多边形工具"选项介绍

● **设置边数** ⬡ ：用于设置多边形的边数。

设置为3时，可以绘制出三角形，如图8-141所示；设置为5时，可以绘制出五边形，如图8-142所示。

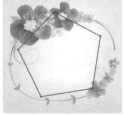

图8-141　　　　　　图8-142

● **圆角半径r**：勾选该选项以后，可以创建出具有平滑拐角效果的多边形或星形，如图8-143和图8-144所示。

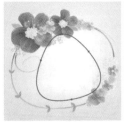

图8-143　　　　　　图8-144

● **多边形选项**：单击该按钮，可以打开多边形选项面板，在"星形比例"数值框中输入数值，可以创建出星形，数值越高，缩进量越大，图8-145和图8-146所示分别是设置"星形比例"为20%和80%的缩进效果。

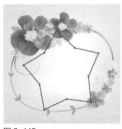

图8-145　　　　　　图8-146

● **平滑星形缩进**：勾选该选项后，可以使星形的每条边向中心平滑缩进，如图8-147所示。

图8-147

### 8.3.6 直线工具

使用"直线工具" ☑ 可以创建出直线和带有箭头的路径，其设置选项如图8-148所示。

图8-148

#### "直线工具"选项介绍

● **粗细**：设置直线或箭头线的粗细。

● **箭头选项**：单击该按钮，可以打开箭头选项面板，在该面板中可以设置箭头的样式。

● **起点/终点**：勾选"起点"选项，可以在直线的起点处添加箭头，如图8-149所示；勾选"终点"选项，可以在直线的终点处添加箭头，如图8-150所示；勾选"起点"和"终点"选项，则可以在两头都添加箭头，如图8-151所示。

图 8-149

图 8-150

图 8-151

- **宽度**：用来设置箭头宽度与直线宽度的百分比。

- **长度**：用来设置箭头长度与直线宽度的百分比。

- **凹度**：用来设置箭头的凹陷程度，范围为-50%~50%。值为0%时，箭头尾部平齐，如图8-152所示；数值大于0%时，箭头尾部向内凹陷，如图8-153所示；数值小于0%时，箭头尾部向外凸出，如图8-154所示。

图 8-152

图 8-153

图 8-154

### 8.3.7 自定形状工具

使用"自定形状工具" ![icon] 可以创建出非常多的形状，其设置选项如图8-155所示。这些形状既可以是Photoshop预设的形状，也可以是自定义或加载的外部形状。

图 8-155

> 💡 **小提示**
>
> 在 Photoshop 2021 中默认只显示了少量的形状，可以选择"窗口>形状"菜单命令，打开"形状"面板，单击右上方的 ![icon] 按钮，在弹出的菜单中选择"旧版形状及其他"命令，如图 8-156 所示，这样可以将 Photoshop 预设所有形状都加载到"自定形状"拾色器中。
>
>
>
> 图 8-156

## 8.4 扩展练习

本节安排了两个扩展练习供读者练习，通过学习，读者可以巩固形状工具的用法及路径的绘制和编辑方法等。

### 扩展练习：制作美术标识牌

| | |
|---|---|
| 实例位置 | 实例文件 > CH08> 扩展练习：制作美术标识牌 .psd |
| 素材位置 | 无 |
| 视频名称 | 制作美术标识牌 .mp4 |
| 技术掌握 | "圆角矩形工具"的应用 |

本练习主要使用"圆角矩形工具" ![icon] 绘制出多个圆角矩形，再填充不同的渐变色，叠加在一起，得到具有艺术效果的图标，如图8-157所示。

图 8-157

01 新建一个文档，选择"圆角矩形工具" ![icon]，

在选项栏中设置"填充"为渐变，"半径"为
60 像素，在图像中绘制出一个渐变圆角矩形，
如图 8-158 所示。

图8-158

02 调整渐变颜色，绘制出多个不同色彩的
圆角矩形，效果如图 8-159 所示。

03 将"半径"改变为 30 像素，按住 Shift 键绘
制一个圆角矩形，填充颜色为白色，并为其添
加投影，如图 8-160 所示。

图8-159        图8-160

04 在"图层"面板中选择所有图层，按快捷键
Ctrl+T 适当旋转图像，并在白色圆角矩形中输
入文字，如图 8-161 所示。

05 绘制一个灰色渐变圆角矩形，并在其中输入
文字，最终效果如图 8-162 所示。

图8-161      图8-162

## 扩展练习：制作茶品标志

| | |
|---|---|
| 实例位置 | 实例文件 >CH08> 扩展练习：制作茶品标志 .psd |
| 素材位置 | 素材文件 >CH08> 印章 .psd |
| 视频名称 | 制作茶品标志 .mp4 |
| 技术掌握 | 路径的绘制与调整 |

本练习主要针
对路径的调整方法进
行练习，使用钢笔工
具绘制路径并进行调
整，得到标志图形，
如图8-163所示。

图8-163

01 新建一个文档，选择"横排文字工具" T，
在选项栏中设置字体为
"黑体"，并填充为任
意颜色，在图像中输入
文字，如图 8-164 所示。

图8-164

02 隐藏文字图层，选择"文字 > 创建工作路径"
菜单命令，得到文字路径，如图 8-165 所示。
结合钢笔工具组中的多种编辑工具，通过添加
锚点和删除锚点，编辑文字路径，得到特殊文
字形状，如图 8-166 所示。

图8-165        图8-166

03 新建一个图层，按快捷键 Ctrl+Enter 将路径
转换为选区，填充选区
为绿色( R:0,G:97,B:47 )，
然后输入其他文字，如
图 8-167 所示。

图8-167

04 选择"椭圆工具" ◎，绘制两个描边圆形，
效果如图 8-168 所示。

05 选择"矩形工具" ▢，再选择"减去顶层形状"
命令，在描边圆形中绘制矩形，将描边圆形切
割开，最后添加印章素材图像，得到茶品标志，
如图 8-169 所示。

图8-168        图8-169

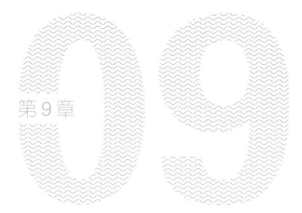

第 9 章

# 蒙版

## 本章导读

蒙版原本是摄影术语，指的是用于控制照片不同区域
曝光的传统暗房技术。而在 Photoshop 中处理图像
时，常常需要隐藏一部分图像，使它们不显示出来，
蒙版就是这样一种可以隐藏图像的工具。

## 本章学习任务

图层蒙版的工作原理

图层蒙版的相关操作

剪贴蒙版的使用方法

快速蒙版和矢量蒙版的用法

## 9.1 认识蒙版

★ 指导学时：2分钟

蒙版是一种灰度图像，其作用就像一张布，可以遮盖住处理区域中的一部分或全部。对处理区域内的图像进行模糊、上色等操作时，被蒙版遮盖起来的部分就不会受到影响，图9-1和图9-2是用蒙版合成的作品。

图9-1

图9-2

在Photoshop中，蒙版分为快速蒙版、剪贴蒙版、矢量蒙版和图层蒙版，这些蒙版具有各自的功能，下面将对这些蒙版进行详细讲解。

> 💡 小提示
>
> 使用蒙版编辑图像，可以确定编辑范围，避免进行擦除、剪切、删除等操作时造成的误操作。另外，还可以对蒙版应用一些滤镜，以得到一些意想不到的特效。

## 9.2 "属性"面板

★ 指导学时：10分钟

"属性"面板不仅可以设置调整图层的参数，还可以对蒙版进行设置。创建蒙版以后，在"属性"面板中可以调整蒙版的浓度和羽化范围等，如图9-3所示。

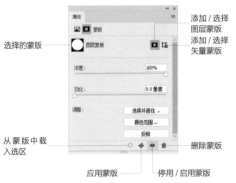
图9-3

**"属性"面板选项介绍**

- **选择的蒙版**：显示在"图层"面板中选择的蒙版类型，如图9-4所示。

图9-4

- **选择图层蒙版** ▣：单击该按钮，可以为当前图层添加图层蒙版。

- **选择矢量蒙版** ▣：单击该按钮，可以为当前图层添加矢量蒙版。

- **浓度**：该选项类似于图层的不透明度，用来控制蒙版的不透明度，也就是蒙版遮盖图像的强度，如图9-5和图9-6所示。

图9-5

图9-6

- **羽化**：用来控制蒙版边缘的柔化程度。数值越大，蒙版边缘越柔和，如图9-7所示；数值越小，蒙版边缘越生硬，如图9-8所示。

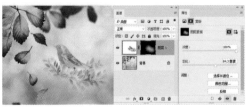
图9-7

图 9-8

● **选择并遮住：** 单击该按钮，可以进入一个操作界面，针对不同的背景查看和修改蒙版边缘。

● **颜色范围：** 单击该按钮，可以打开"色彩范围"对话框，如图9-9所示，在该对话框中可以通过修改"颜色容差"来修改蒙版的边缘范围。

图 9-9

● **反相：** 单击该按钮，可以反转蒙版的遮盖区域，即蒙版中的黑色部分变成白色，而白色部分变成黑色，未遮盖的图像将被调整为负片，如图9-10所示。

图 9-10

● **从蒙版中载入选区**：单击该按钮，可以从蒙版中生成选区，如图9-11所示。另外，按住Ctrl键单击蒙版的缩览图，也可以载入蒙版的选区。

图 9-11

● **应用蒙版**：单击该按钮，可以将蒙版应用到图像中，同时删除被蒙版遮盖的区域，如图9-12所示。

● **停用/启用蒙版**：单击该按钮，可以停用或重新启用蒙版。停用蒙版后，"属性"面板的缩览图和"图层"面板中的蒙版缩览图中都会出现一个红色的"×"，如图9-13所示。

图 9-12      图 9-13

● **删除蒙版**：单击该按钮，可以删除当前选择的蒙版。

## 9.3 图层蒙版

★ 指导学时：60分钟

图层蒙版是所有蒙版中最为重要的一种，它可以用来隐藏、合成图像等。此外，在创建调整图层、填充图层，以及为智能对象添加智能滤镜时，Photoshop会自动为图层添加一个图层蒙版，可以在图层蒙版中对调色范围、填充范围及滤镜应用区域进行调整。

### 9.3.1 随学随练：通过合成制作古镇文化图像

| | |
|---|---|
| 实例位置 | 实例文件 >CH09> 随学随练：通过合成制作古镇文化图像 .psd |
| 素材位置 | 素材文件 >CH09> 曲线 .psd、金鱼 .psd、星空 .psd、月亮 .psd、风景 .psd、扇子 .psd |
| 视频名称 | 通过合成制作古镇文化图像 .mp4 |
| 技术掌握 | 图层蒙版的使用方法 |

本案例主要针对图层蒙版的使用方法进行练习，为图像添加图层蒙版，通过合成制作古镇文化图像，如图9-14所示。

图 9-14

01 选择"文件>新建"菜单命令，打开"新建文档"对话框，设置文件名称为"古镇文化"，宽度和高度分别为 25 厘米和 37 厘米，如图 9-15 所示。

02 设置前景色为淡紫色（R:234，G:226，B:244），用前景色填充背景，然后打开"素材文件 >CH09> 曲线 .psd"文件，使用"移动工具" ⊕ 将其拖曳到当前编辑的图像中，放到画面底部，如图 9-16 所示。

图 9-15          图 9-16

03 打开"素材文件 >CH09> 星空 .psd"文件，使用"移动工具" ⊕ 将其拖曳到当前编辑的图像中，适当调整图像大小，使其布满整个画面，这时"图层"面板中将自动生成该图像图层，如图 9-17 所示。

图 9-17

04 单击"图层"面板底部的"添加图层蒙版"

按钮 ▣，即可为"星空"图层添加图层蒙版，如图 9-18 所示。

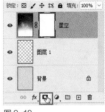

图 9-18

05 选择"画笔工具" ✐，设置前景色为黑色、背景色为白色，在选项栏中设置画笔为"柔边圆"、大小为 600 像素、"不透明度"为 80%，如图 9-19 所示。

图 9-19

06 设置好画笔后，对星空图像下半部分进行涂抹，适当隐藏部分图像，这时可以在"图层"面板中看到隐藏的图像以黑色蒙版显示，如图 9-20 所示。

图 9-20

07 打开"素材文件 >CH09> 月亮 .psd"文件，使用"移动工具" ⊕ 将其拖曳到当前编辑的图像中，适当调整图像大小，放到画面上方，如图 9-21 所示。

图 9-21

08 在"图层"面板中设置图层混合模式为"强光"，然后使用"椭圆选框工具"在月亮图像中绘制一个圆形选区，将月亮框选出来，如图 9-22 所示。

图9-22

涂抹，隐藏部分图像，如图9-26所示。

09 按快捷键Shift+F6弹出"羽化选区"对话框，设置"羽化半径"为10像素，如图9-23所示，单击"图层"面板底部的"添加图层蒙版"按钮 ▫ ，即可隐藏选区以外的图像，如图9-24所示。

羽化选区

羽化半径(R): 10 像素

□ 应用画布边界的效果

确定

取消

×

图9-23

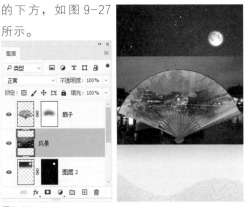

图9-26

12 打开"素材文件>CH09>风景.psd"文件，使用"移动工具" ⊕ 将其拖曳到当前编辑的图像中，在"图层"面板中将其放到扇子图层的下方，如图9-27所示。

图9-24

10 打开"素材文件>CH09>扇子.psd"文件，使用"移动工具" ⊕ 将其拖曳到当前编辑的图像中，适当调整大小，放到画面中间，效果如图9-25所示。

图9-25

11 单击"图层"面板底部的"添加图层蒙版"按钮 ▫ ，选择"画笔工具" ✎ ，在选项栏中设置"不透明度"为50%，在扇面中间进行

图9-27

13 按住Ctrl键单击"扇子"图层中的图层缩览图，载入图像选区，然后单击"添加图层蒙版"按钮 ▫ ，隐藏扇面以外的风景图像，如图9-28所示。

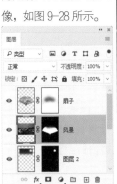

图9-28

**14** 使用"横排文字工具" **T** 在扇子图像下方输入文字，并在选项栏中设置字体分别为"方正兰亭中黑"和"方正兰亭纤黑"，填充颜色为蓝色（R:37，G:35，B:77），如图9-29所示。

图9-29

**15** 打开"素材文件 >CH09> 金鱼 .psd"文件，使用"移动工具" **+** 分别将金鱼和印章图像拖曳到当前编辑的图像中，放到文字周围，并将"金鱼"图像的图层混合模式设置为"正片叠底"，效果如图 9-30 所示。

图9-30

### 9.3.2 图层蒙版的工作原理

图层蒙版可以理解为在当前图层上面覆盖了一层玻璃，这种玻璃片有透明和不透明两种，前者显示全部图像，后者隐藏部分图像。在Photoshop中，图层蒙版遵循"黑透、白不透"的工作原理。

打开一个图像文档，如图9-31所示。该文档中包含两个图层："背景"图层和"图层1"，其中"图层1"有一个图层蒙版，并且图层蒙版为白色。按照图层蒙版"黑透、白不透"的工作原理，此时文档窗口中将完全显示"图层1"的内容。

图9-31

如果要全部显示"背景"图层的内容，可以选择"图层1"的蒙版，然后用黑色填充蒙版，如图9-32所示。

图9-32

如果以半透明方式来显示当前图像，可以用灰色填充"图层1"的蒙版，如图9-33所示。

图9-33

> 💡 **小提示**
>
> 除了可以在图层蒙版中填充颜色以外，还可以在图层蒙版中填充渐变色。同样，也可以使用不同的画笔工具来编辑蒙版。此外，还可以在图层蒙版中应用各种滤镜效果。

### 9.3.3 创建图层蒙版

创建图层蒙版的方法有很多种，既可以直接在"图层"面板中进行创建，也可以从选区或图像中生成图层蒙版。

◆ 1. 在"图层"面板中创建图层蒙版

选择要添加图层蒙版的图层，然后在"图层"面板底部单击"添加图层蒙版"按钮 **□**，如图9-34所示，可以为当前图层添加一个图层蒙版，如图9-35所示。

图9-34　　　　　　　　　图9-35

#### ◆ 2. 从选区生成图层蒙版

如果当前图像中存在选区，如图9-36所示，单击"图层"面板底部的"添加图层蒙版"按钮■，可以基于当前选区为图层添加图层蒙版，选区以外的图像将被蒙版隐藏，如图9-37所示。

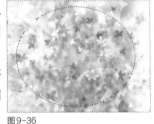

图9-36

图9-37

> **💡 小提示**
>
> 创建选区蒙版后，可以在"属性"面板中调整"羽化"数值，以模糊蒙版，制作出朦胧的效果，如图9-38所示。

图9-38

#### ◆ 3. 从图像生成图层蒙版

除了以上两种创建图层蒙版的方法以外，还可以将一个图像创建为某个图层的图层蒙

版。打开图像文件，选择图层2，按快捷键Ctrl+A全选图像，然后按快捷键Ctrl+C复制图像，如图9-39所示。

隐藏图层2，选择图层1，为其添加图层蒙版，按住Alt键单击蒙版缩览图，得到白色图像显示，如图9-40所示。

按快捷键Ctrl+V粘贴图像，单击图层1的缩览图即可显示图像效果，如图9-41所示。

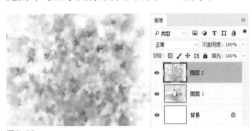

图9-39

图9-40

图 9-41

### 9.3.4 应用图层蒙版

在图层蒙版缩览图上单击鼠标右键，在弹出的菜单中选择"应用图层蒙版"命令，如图9-42所示，可以将蒙版应用在当前图层中，如图9-43所示。应用图层蒙版以后，蒙版效果将会应用到图像上，也就是说，蒙版中的黑色区域将被删除，白色区域将被保留下来，而灰色区域将呈透明效果。

图9-42　　　　　　　　　图9-43

## 9.3.5 停用／启用／删除图层蒙版

在操作中，有时候需要暂时隐藏蒙版效果，这时就可以停用蒙版，再次使用时又可以启用蒙版，当然也可以直接删除蒙版。

◆ 1. 停用图层蒙版

如果要停用图层蒙版，可以采用以下两种方法来完成。

● **第1种**：选择"图层>图层蒙版>停用"菜单命令，或在图层蒙版缩览图上单击鼠标右键，然后在弹出的菜单中选择"停用图层蒙版"命令，如图9-44所示。停用蒙版后，"属性"面板的缩览图和"图层"面板中的蒙版缩览图中都会出现一个红色的交叉线×，如图9-45所示。

图9-44　　　　　　　　　图9-45

● **第2种**：选择图层蒙版，然后在"属性"面板底部单击"停用/启用蒙版"按钮 ● ，如图9-46所示。

图9-46

◆ 2. 重新启用图层蒙版

在停用图层蒙版以后，如果要重新启用图层蒙版，可以采用以下3种方法来完成。

● **第1种**：选择"图层>图层蒙版>启用"菜单命令，或在蒙版缩览图上单击鼠标右键，然后在弹出的菜单中选择"启用图层蒙版"命令，如图9-47所示。

图9-47

● **第2种**：在蒙版缩览图上单击，即可重新启用图层蒙版。

● **第3种**：选择蒙版，然后在"属性"面板底部单击"停用/启用蒙版"按钮 ● 。

◆ 3. 删除图层蒙版

如果要删除图层蒙版，可以采用以下3种方法来完成。

● **第1种**：选择"图层>图层蒙版>删除"菜单命令，或在蒙版缩览图上单击鼠标右键，然后在弹出的菜单中选择"删除图层蒙版"命令，如图9-48和图9-49所示。

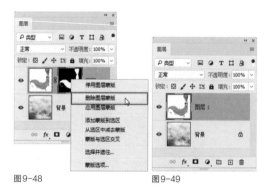

图9-48　　　　　　　　　图9-49

● **第2种**：将蒙版缩览图拖曳到"图层"面板底部的"删除图层"按钮 🗑 上，如图9-50所示，然后在弹出的对话框中单击 删除 按钮，如图9-51所示。

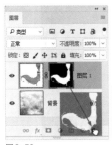

图9-50　　　　　图9-51

● **第3种：** 选择蒙版，然后直接在"属性"面板中单击"删除蒙版"按钮 🗑。

### 9.3.6 转移 / 替换 / 复制图层蒙版

在操作中，有时候需要将某一个图层的蒙版用于其他图层上，这时可以通过操作将图层蒙版转移到目标图层上，也可以使用一个图层蒙版替换另一个图层蒙版，还可以将一个图层蒙版拷贝到其他图层上。

#### ◆ 1. 转移图层蒙版

如果要将某个图层的蒙版转移到其他图层上，可以将蒙版缩览图拖曳到其他图层上，如图9-52和图9-53所示。

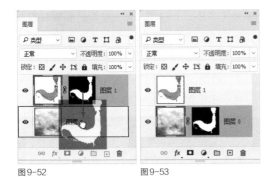

图9-52　　　　　图9-53

#### ◆ 2. 替换图层蒙版

如果要用一个图层的蒙版替换掉另外一个图层的蒙版，可以将该图层的蒙版缩览图拖曳到另外一个图层的蒙版缩览图上，如图9-54所示，然后在弹出的对话框中单击 是(Y) 按钮，如图

9-55所示。替换图层蒙版以后，"图层1"的蒙版将被删除，同时"图层0"的蒙版会被换成"图层1"的蒙版，如图9-56所示。

图9-54

图9-55

图9-56

#### ◆ 3. 复制图层蒙版

如果要将一个图层的蒙版复制到另外一个图层上，可以按住Alt将蒙版缩览图拖曳到另外一个图层上，如图9-57和图9-58所示。

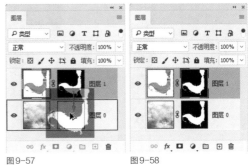

图9-57　　　　　图9-58

## 9.4 剪贴蒙版

★ 指导学时：30分钟

剪贴蒙版技术非常重要，它可以用一个图层中的图像来控制处于它上层图像的显示范围，并且可以针对多个图像。另外，可以为一个或多个调整图层创建剪贴蒙版，使其只针对一个图层进行调整。

### 9.4.1 随学随练：制作沙金文字

| 实例位置 | 实例文件 >CH09> 随学随练：制作沙金文字 .psd |
|---|---|
| 素材位置 | 素材文件 >CH09> 火焰 .jpg、红绸和文字 .psd、金沙 .psd、光 .psd、手 .psd |
| 视频名称 | 制作沙金文字 .mp4 |
| 技术掌握 | 剪贴蒙版的使用方法 |

本案例主要针对剪贴蒙版的使用方法进行练习，使用剪贴蒙版制作沙金文字，如图9-59所示。

图9-59

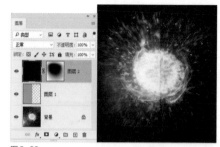

图9-63

01 打开"素材文件 >CH09> 火焰 .jpg"文件，如图 9-60 所示，下面将在该图像中添加文字，并制作出沙金文字效果。

02 新建一个图层，选择"矩形选框工具"[1]，在图像左侧绘制一个矩形选区，填充颜色为天蓝色（R:0，G:160，B:233），如图 9-61所示。

图9-60 　　　　　图9-61

03 在"图层"面板中设置图层混合模式为"颜色"，如图 9-62 所示。

图9-62

04 新建一个图层，填充颜色为黑色，单击"图层"面板底部的"添加图层蒙版"按钮 ◘，使用画笔工具对中间的黑色图像进行涂抹，隐藏部分图像，如图9-63所示。

05 打开"素材文件 >CH09>红绸和文字.psd"文件，使用"移动工具" ⊕ 分别将其拖曳到当前编辑的图像中，如图 9-64 所示。

图9-64

06 选择文字所在的图层，选择"图层 > 图层样式 > 投影"菜单命令，打开"图层样式"对话框，设置投影颜色为深红色（R:98,G:15,B:19），其他参数设置如图 9-65所示。

图9-65

07 单击"确定"按钮，添加投影的图像效果如图 9-66 所示。

08 打开"素材文件 >CH09> 金沙 .psd"文件，使用"移动工具" ⊕ 将其拖曳到当前编辑的图像中，适当调整图像大小，如图 9-67 所示。

图9-66

图9-67

09 选择"图层 > 创建剪贴蒙版"菜单命令，创建剪贴图层，隐藏文字以外的金沙图像，如图9-68所示。

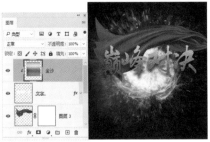

图9-68

图9-71

图9-72

⑩ 打开"素材文件>CH09>光.psd"文件，使用"移动工具" ⊕ 分别将其拖曳到当前编辑的图像中，放到文字周围，如图9-69所示。

⑪ 打开"素材文件>CH09>手.psd"文件，使用"移动工具" ⊕ 将其拖曳过来，适当调整大小，最终效果如图9-70所示。

图9-69　　　图9-70

## 9.4.2 剪贴蒙版的工作原理

剪贴蒙版一般应用于文字、形状和图像之间的相互合成，它是由两个或两个以上的图层所构成的，处于最下方的图层一般被称为基层，用于控制其上方图层的显示区域，其上方图层一般被称为内容图层。图9-71所示为使用剪贴蒙版制作的图像效果，图9-72所示为"图层"面板状态。在一个剪贴蒙版中，基层图层只能有一个，而内容图层则可以有若干个。

## 9.4.3 创建与释放剪贴蒙版

在操作中，需要使用剪贴蒙版的时候可以为图层创建剪贴蒙版，不需要的时候可以通过操作释放剪贴蒙版。释放剪贴蒙版后，原来的剪贴蒙版会变回一个正常的图层。

### 1. 创建剪贴蒙版

打开一个文档，如图9-73所示，它包含3个图层：一个"背景"图层，一个"灰色"图层和一个"风景"图层。下面就以这个文档为例来讲解创建剪贴蒙版的3种常用方法。

图9-73

● **第1种**：选择"风景"图层，然后选择"图层>创建剪贴蒙版"菜单命令或按快捷键Alt+Ctrl+G，可以将"风景"图层和"灰色"图层创建为一个剪贴蒙版组，创建剪贴蒙版以后，"风景"图层就只显示"灰色"图层的区域，如图9-74所示。

图9-74

💡 小提示

剪贴蒙版虽然可以应用在多个图层中，但是这些图层不能是隔开的，必须是相邻的图层。

● **第2种：** 在"风景"图层的名称上单击鼠标右键，然后在弹出的菜单中选择"创建剪贴蒙版"命令，如图9-75所示，即可将"风景"图层和"灰色"图层创建为一个剪贴蒙版组，如图9-76所示。

图9-75    图9-76

● **第3种：** 先按住Alt键，然后将鼠标指针放在"风景"图层和"灰色"图层之间的分隔线上，待鼠标指针变成 ⬐ 状时单击，如图9-77所示，这样也可以将"风景"图层和"灰色"图层创建为一个剪贴蒙版组，如图9-78所示。

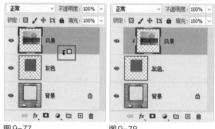

图9-77    图9-78

💡 小提示

在一个剪贴蒙版中，最少包含两个图层，处于最下面的图层为基底图层，位于其上面的图层统称为内容图层，如图9-79所示。

图9-79

**基底图层：** 基底图层只有一个，它决定了位于其上面的图像的显示范围。如果对基底图层进行移动、变换等操作，那么上面的图像也会受到影响，如图9-80所示。

图9-80

**内容图层：** 内容图层可以是一个或多个。对内容图层的操作不会影响基底图层，但是对内容图层进行移动、变换等操作时，其显示范围也会随之而改变，如图9-81所示。

图9-81

◆ **2. 释放剪贴蒙版**

创建剪贴蒙版以后，如果要释放剪贴蒙版，可以采用以下3种方法来完成。

● **第1种：** 选择"风景"图层，然后选择"图层>释放剪贴蒙版"菜单命令或按快捷键Alt+Ctrl+G，即可释放剪贴蒙版。释放剪贴蒙版以后，"风景"图层就不再受"灰色"图层的控制。

● **第2种**：在"风
景"图层的名称上
单击鼠标右键，然
后在弹出的菜单中
选择"释放剪贴蒙
版"命令，如图
9-82所示。

图9-82

● **第3种**：先按住Alt
键，然后将鼠标指针放
置在"风景"图层和
"灰色"图层之间的分
隔线上，待鼠标指针变
成 ⬚ 状时单击，如图
9-83所示。

图9-83

### 9.4.4 编辑剪贴蒙版

剪贴蒙版作为图层，也具有图层的属
性，可以对其"不透明度"及"混合模式"
进行调整。

◆ **1. 编辑内容图层**

当对内容图层的"不透明度"和"混合模
式"进行调整时，不会影响到剪贴蒙版组中的
其他图层，而只与基底图层混合，如图9-84
所示。

图9-84

◆ **2. 编辑基底图层**

当对基底图层的"不透明度"和"混合模
式"进行调整时，整个剪贴蒙版组中的所有图
层都会以设置的不透明度数值和混合模式进行
混合，如图9-85所示。

图9-85

## 9.5 快速蒙版和矢量蒙版

★ 指导学时：40分钟

快速蒙版和矢量蒙版在Photoshop中的使用
率也比较高，使用这两种蒙版可以抠取图像或
隐藏图像等。

### 9.5.1 随学随练：用快速蒙版抠取图像

**实例位置** 实例文件 >CH09> 随学随练：用快速蒙版抠取图像 .psd
**素材位置** 素材文件 >CH09> 跳舞 .jpg、舞台背景 .jpg
**视频名称** 用快速蒙版抠取图像 .mp4
**技术掌握** 快速蒙版的使用方法

本案例主要针对快速蒙版的使用方法进行
练习，使用快速蒙版抠取图像，更换背景，如
图9-86所示。

图9-86

01 按快捷键 Ctrl+O，打开"素材文件 >CH09>跳舞 .jpg"文件，如图 9-87 所示。

02 选择"魔棒工具" ，在选项栏中设置"容差"为 40，然后在图像背景中单击，获取选区，如图 9-88 所示。

图 9-87　　　　　图 9-88

03 按 Q 键进入快速蒙版编辑状态，人物将被透明红色图像覆盖，如图 9-89 所示，可以看到人物的手部和腿部有部分图像并未被覆盖。

04 选择"画笔工具" ，在选项栏中设置画笔样式为"柔角"，大小为 15 像素，对手部和腿部未覆盖区域进行涂抹，如图 9-90 所示。在涂抹时，如果超出人物图像，可以将前景色设置为黑色，擦除超出的图像。

图 9-89　　　　　图 9-90

05 完成人物的涂抹后，按 Q 键退出快速蒙版编辑模式，按快捷键 Shift+Ctrl+I 反选选区，得到人物图像选区，如图 9-91 所示。

图 9-91

06 打开"素材文件 >CH09> 舞台背景 .jpg"文件，使用"移动工具" 将人物图像移动到舞台背景图像中，适当调整人物大小，放到画面中间，如图 9-92 所示。

07 选择"画笔工具" ，在选项栏中设置画笔为"柔边圆"、"不透明度"为 40％，在人物两侧绘制出投影图像，在绘制过程中可以适当调整画笔大小，效果如图 9-93 所示。

图 9-92　　　　　图 9-93

## 9.5.2 快速蒙版

快速蒙版只是一种临时蒙版，它只会在图像中建立选区，不会对图像进行修改。当用户在快速蒙版模式中工作时，"通道"面板中会出现一个临时的快速蒙版通道，但所有的蒙版编辑都是在图像窗口中完成的。

打开一张素材图像文件，单击工具箱下方的"以快速蒙版模式编辑"按钮 ，进入快速蒙版编辑模式，可以在"通道"面板中查看到新建的快速蒙版，如图 9-94 所示。

图 9-94

选择"画笔工具" ，设置一种画笔样式，在画面中涂抹，涂抹出来的颜色为透明红色状态，"通道"面板中会显示出涂抹的状态，如图 9-95 所示。单击工具箱中的"以标准模式编辑"按钮 ，或按 Q 键，回到标准模式中，得到图像选区，如图 9-96 所示，将其填充为白色，得到的图像效果如图 9-97 所示。

图 9-95

图 9-96

图 9-97

### 9.5.3 矢量蒙版

矢量蒙版是通过"钢笔工具"或形状工具创建出来的蒙版。与图层蒙版相同,矢量蒙版也是非破坏性的,也就是说,在添加完矢量蒙版之后还可以返回并重新编辑蒙版,并且不会丢失蒙版隐藏的像素。

如果要创建矢量蒙版,首先需要在画面中绘制一个路径,如图9-98所示,然后选择"图层>矢量蒙版>当前路径"菜单命令,即可使用当前路径创建一个矢量蒙版,路径以外的图像将被全被隐藏起来,这时"图层"面板中也将自动得到一个矢量蒙版图层,如图9-99所示。

图 9-98

图 9-99

> 💡 **小提示**
>
> 如果要创建一个新的矢量蒙版,可以按住 Ctrl 键,单击"图层"面板底部的▢按钮,即可为图层添加一个新的矢量蒙版,这时使用绘图工具在该蒙版中绘制路径,将自动隐藏绘制区域以外的图像。

## 9.6 扩展练习

通过对这一章内容的学习,相信读者已充分了解了图层蒙版、剪贴蒙版、快速蒙版和矢量蒙版的相关知识及操作方法,下面通过两个扩展练习来进行巩固。

### 扩展练习:制作花瓣文字

**实例位置** 实例文件 >CH09> 扩展练习:制作花瓣文字 .psd
**素材位置** 素材文件 >CH09> 玫瑰背景 .jpg、花瓣背景 .jpg
**视频名称** 制作花瓣文字 .mp4
**技术掌握** 剪贴蒙版和图层样式的应用

通过创建剪贴蒙版,将花瓣图像镶嵌到文字中,再对文字添加图层样式,得到特殊文字效果,如图9-100所示。

图 9-100

🔢 打开"素材文件 >CH09> 玫瑰背景 .jpg"文件,

在其中输入文字，如图 9-101 所示。

02 打开"素材文件 >CH09> 花瓣背景 .jpg"文件，使用"移动工具" ⊞ 将其拖曳到当前编辑的图像中，遮挡住文字，如图 9-102 所示。

图 9-101　　　　图 9-102

03 为花瓣背景创建剪贴蒙版，隐藏文字以外的花瓣图像，效果如图 9-103 所示。

04 为文字图层添加图层样式，分别应用描边和投影样式，效果如图 9-104 所示。

图 9-103　　　　图 9-104

### 扩展练习：制作项链海报

| 实例位置 | 实例文件 >CH09> 扩展练习：制作项链海报 .psd |
| --- | --- |
| 素材位置 | 素材文件 >CH09> 蓝色背景 .jpg、珠宝 .psd、相框 .psd |
| 视频名称 | 制作项链海报 .mp4 |
| 技术掌握 | 图层蒙版和文字工具的使用 |

本案例将图层蒙版和文字工具配合使用，只需简单几步即可制作出漂亮的画面效果，如图9-105所示。

图 9-105

01 打开"素材文件 >CH09> 蓝色背景 .jpg、相框 .psd"文件，使用"移动工具" ⊞ 将相框图像拖曳到蓝色背景中，如图 9-106 所示。

02 为相框图像添加图层蒙版，然后使用"钢笔工具" ⌀ 绘制出相框内部和遮挡图像的路径，将路径转换为选区后填充颜色为黑色，隐藏该部分图像，如图 9-107 所示。

图 9-106　　　　图 9-107

03 添加文字和首饰素材图像，最终效果如图 9-108 所示。

图 9-108

第 10 章

# 通道

## 本章导读

通道作为图像的组成部分，和图像的格式是密不可分的。图像色彩、格式不同，通道的数量与模式就不同，这些在"通道"面板中可以直观地看到。通过通道可以建立精确的选区，因此通道多用于抠图和调色。

## 本章学习任务

通道的类型

通道的基本操作

用通道调色

用通道抠图

Photoshop

# 10.1 通道的基本操作

★ 指导学时：50分钟

在Photoshop中对通道的操作都将在"通道"面板中完成，下面将介绍通道的类型、"通道"面板，以及通道的基本操作。

## 10.1.1 随学随练：制作唯美光照图像

| | |
|---|---|
| 实例位置 | 实例文件 >CH10> 随学随练：制作唯美光照图像 .psd |
| 素材位置 | 素材文件 >CH10> 背影 .jpg、彩色光线 .jpg |
| 视频名称 | 制作唯美光照图像 .mp4 |
| 技术掌握 | 选择、复制通道的方法 |

本案例将在通道中复制图像并粘贴到其他图层中，主要练习通道中颜色的选择，以及图层混合模式的应用，案例效果如图10-1所示。

图 10-1

**01** 按快捷键 Ctrl+O，打开"素材文件 >CH10> 背影 .jpg"文件，如图 10-2 所示，下面将打造梦幻图像效果。

图 10-2

**02** 打开"素材文件 >CH10> 彩色光线 .jpg"文件，如图 10-3 所示，在"通道"面板中选择"蓝"通道，如图 10-4 所示，按快捷键 Ctrl+A 全选通道中的图像，按快捷键 Ctrl+C 复制图像。

图 10-3

图 10-4

**03** 切换到背影图像窗口，按快捷键 Ctrl+V 将复制的图像粘贴到当前文档，此时 Photoshop 将生成一个新的"图层 1"，效果如图 10-5 所示。

图 10-5

**04** 设置"图层 1"的"混合模式"为"叠加"，如图 10-6 所示。

图 10-6

**05** 选择背景图层，按快捷键 Ctrl+J 复制一次图层，选择"滤镜 > 渲染 > 镜头光晕"命令，打开"镜头光晕"对话框，在预览窗口中设置光晕位置在画面右上方，选择"镜头类型"为"35毫米聚焦"，"亮度"为 160%，如图 10-7 所示。

图 10-7

**06** 单击"确定"按钮，得到镜头光晕效果，选择"图层 1"，使用橡皮擦工具对画面左上角做适当的擦除，使光线的照射状态更加真实，如图 10-8 所示。

图 10-8

## 10.1.2 通道的类型

Photoshop中有3种不同的通道，分别是颜色通道、Alpha通道和专色通道，它们的功能各不相同。

◆ 1. 颜色通道

打开一张图像的"通道"面板，默认显示的通道称为颜色通道。这些通道的名称与图像本身的颜色模式相对应，常用的两种颜色模式，一种是RGB颜色模式，相对应的通道名称为红、绿和蓝，如图10-9所示；另一种是CMYK颜色模式，相对应的通道名称为青色、洋红、黄色和黑色，如图10-10所示。

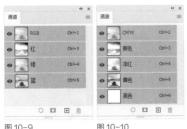

图 10-9　　　　　图 10-10

◆ 2. Alpha 通道

在认识Alpha通道之前先打开一张图像，该图像中包含一个灯泡的选区，如图10-11所示。下面就用这张图像来讲解Alpha通道的主要功能。

图 10-11

功能1：在"通道"面板下面单击"将选区存储为通道"按钮，可以创建一个Alpha1通道，同时选区会存储到通道中，这就是Alpha通道的第1个功能，即存储选区，如图10-12所示。

图 10-12

功能2：单击Alpha1通道，将其单独选择，此时文档窗口中将显示为灯泡的黑白图像，这就是Alpha通道的第2个功能，即存储黑白图像，如图10-13所示。其中，黑色区域表示不能被选择的区域，白色区域表示可以选取的区域（如果有灰色区域，表示可以被部分选择）。

图 10-13

功能3：在"通道"面板下面单击"将通道作为选区载入"按钮或按住Ctrl键并单击Alpha1通道的缩览图，可以载入Alpha1通道的选区，这就是Alpha通道的第3个功能，即可以从Alpha通道中载入选区，如图10-14所示。

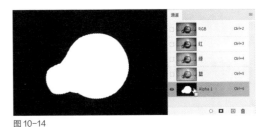

图 10-14

◆ 3. 专色通道

专色通道主要用来指定用于专色油墨印刷的附加印版。它可以保存专色信息，同时也具有Alpha通道的特点。每个专色通道只能存储一种专色信息，而且是以灰度形式来存储的。专色通道的名称通常是所使用的油墨颜色的名称。

### 10.1.3 "通道"面板

在Photoshop中，要对通道进行操作，就必须使用"通道"面板。选择"窗口>通道"菜单命令，即可打开"通道"面板。"通道"面板会根据图像文件的颜色模式显示通道数量，如图10-15所示。

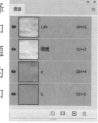

图10-15

在"通道"面板中单击即可选中一个通道，选中的通道会以高亮的方式显示，这时就可以对该通道进行编辑，也可以按住Shift键单击选中多个通道。

**"通道"面板选项介绍**

- **将通道作为选区载入**：单击该按钮，可以将通道中的图像载入选区，按住Ctrl键单击通道缩览图也可以将通道中的图像载入选区。

- **将选区存储为通道**：如果图像中有选区，单击该按钮，可以将选区中的内容自动存储到创建的Alpha通道中。

- **创建新通道**：单击该按钮，可以新建一个Alpha通道。

- **删除当前通道**：将通道拖曳到该按钮上，可以删除选择的通道。

### 10.1.4 新建 Alpha 通道

如果要新建Alpha通道，可以在"通道"面板下面单击"创建新通道"按钮，如图10-16所示。当图像中存在选区时，单击"将选区填充为通道"按钮，即可创建选区通道，如图10-17所示。

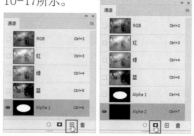

图10-16　　　　　　图10-17

### 10.1.5 新建专色通道

如果要新建专色通道，可以在"通道"面板的菜单中选择"新建专色通道"命令，如图10-18和图10-19所示。

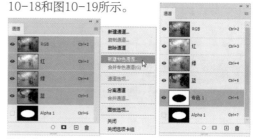

图10-18　　　　　　图10-19

### 10.1.6 快速选择通道

"通道"面板中每个通道的后面都有对应的Ctrl+数字。例如，在图10-20中，"红"通道后面有快捷键Ctrl+3，这就表示按快捷键Ctrl+3可以单独选择"红"通道。同理，按快捷键Ctrl+4可以单独选择"绿"通道，按快捷键Ctrl+5可以单独选择"蓝"通道。

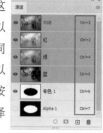

图10-20

### 10.1.7 复制与删除通道

如果要复制通道，可以采用以下3种方法来

完成（注意，不能复制复合通道）。

● **第1种**：在面板菜单中选择"复制通道"命令，即可将当前通道进行复制，如图10-21和图10-22所示。

图10-21　　　　　　　图10-22

● **第2种**：在通道上单击鼠标右键，然后在弹出的菜单中选择"复制通道"命令，如图10-23所示。

● **第3种**：直接将通道拖曳到"创建新通道"按钮 回 上，如图10-24所示。

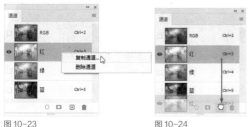

图10-23　　　　　　　图10-24

复杂的Alpha通道会占用很大的磁盘空间，因此在保存图像之前，可以删除无用的Alpha通道和专色通道。如果要删除通道，可以采用以下4种方法来完成。

● **第1种**：选择需要删除的通道，将其拖曳到面板底部的"删除当前通道"按钮 圙 上。

● **第2种**：选择需要删除的通道，单击面板底部的"删除当前通道"按钮 圙，然后在弹出的对话框中进行确定。

● **第3种**：选择需要删除的通道，在该通道上单击鼠标右键，在弹出的菜单中选择"删除通道"命令。

● **第4种**：选择需要删除的通道，单击面板右上方的"快捷菜单"按钮 ，在弹出的菜单中选择"删除通道"命令。

## 10.2 通道的高级操作

★ 指导学时：50分钟

在"通道"面板中，还可以应用一些复杂的操作，从而得到更加特殊的图像效果，这些操作包括合并与分离通道、在通道中调整图像颜色，以及用通道抠图等。

### 10.2.1 随学随练：合成复古街拍照

| | |
|---|---|
| 实例位置 | 实例文件 >CH10> 随学随练：合成复古街拍照 .psd |
| 素材位置 | 素材文件 >CH10> 模特 .jpg、街道 .jpg |
| 视频名称 | 合成复古街拍照 .mp4 |
| 技术掌握 | 在通道中调整图像色调并抠取图像 |

本案例运用通道将头发细致地抠出，然后添加街道图片，合成复古街拍照效果，如图10-25所示。

图10-25

01 打开"素材文件>CH10>模特.jpg"文件，如图10-26所示。

图10-26

02 切换到"通道"面板，可以看到"绿"通道中的人像色调与背景色调差异最大，因此复制一个"绿 拷贝"通道，如图 10-27 所示。

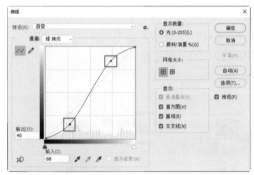

图 10-29

图 10-27

图 10-30          图 10-31

03 按快捷键 Ctrl+L 打开"色阶"对话框，然后调整色阶，如图10-28 所示。

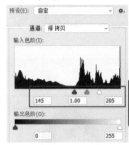

图 10-28

04 按快捷键 Ctrl+M 打开"曲线"对话框，然后调节曲线，如图 10-29 所示，效果如图 10-30 所示。

05 选择"画笔工具" ✍，然后将人像涂抹成黑色，将背景涂抹成白色，如图 10-31 所示。

06 按住 Ctrl 键单击"绿 拷贝"通道的缩览图，将背景载入选区，如图 10-32 所示，然后单击 RGB 通道，并切换到"图层"面板，接着按快捷键 Shift+Ctrl+I 反向选择选区，如图 10-33 所示。

图 10-32          图 10-33

07 选择"选择 > 修改 > 收缩"菜单命令,打开"收缩选区"对话框,在对话框中设置"收缩量"为 1 像素,如图 10-34 所示,然后单击"确定"按钮,接着按快捷键 Ctrl+J 将选区内容复制到一个新的图层,隐藏"背景"图层,效果如图 10-35 所示。

图 10-34

图 10-35

08 打开"素材文件 >CH10> 街道 .jpg"文件,然后将人像拖曳到该文档中,得到"图层 1",接着调整人像大小和位置,如图 10-36 所示。

图 10-36

09 在"图层"面板顶端新建一个"色彩平衡"调整图层,然后调整颜色数值,如图 10-37 所示,接着按快捷键 Alt+Ctrl+G 将其创建为人像图层的剪贴蒙版,效果如图 10-38 所示。

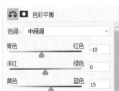

图 10-37

图 10-38

10 在"图层"面板顶端新建一个"曲线"调整图层,然后调整曲线形状,如图 10-39 所示,效果如图 10-40 所示。

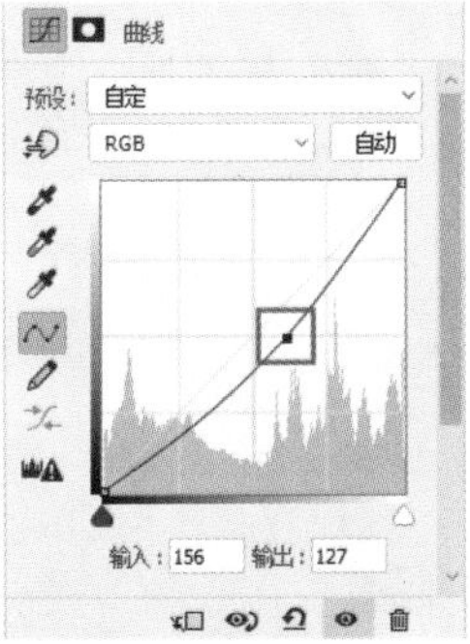

图 10-40

## 10.2.2 合并通道

可以将多个灰度图像合并为一个图像的通道。要合并的图像必须具备以下3个特点。

- 图像必须为灰度模式,并且已被拼合。
- 具有相同的像素和尺寸。
- 处于打开状态。

> 💡 小提示
>
> 已打开的灰度图像的数量决定了合并通道时可用的颜色模式。例如,4 张图像可以合并为一个 RGB 图像或 CMYK 图像。

## 10.2.3 分离通道

打开一张RGB颜色模式的图像,在"通道"面板的菜单中选择"分离通道"命令,如图10-41所示,可以将红、绿、蓝3个通道单独分离成3张灰度图像(分离成3个文档,并关闭彩色图像),同时每个图像的灰度都与之前的通道灰度相同,如图10-42~图10-44所示。

图 10-41

图 10-39

图 10-42

图 10-43

图 10-44

## 10.2.4 用通道调色

通道调色是一种高级调色技术，可以对一张图像的单个通道应用各种调色命令，从而达到调整图像中单种色调的目的。下面用"曲线"调整图层来介绍如何用通道进行调色。

单独选择"红"通道，按快捷键Ctrl+M打开"曲线"对话框，将曲线向上调节，可以增加图像中的红色，如图10-45所示；将曲线向下调节，则可以减少图像中的红色，如图10-46所示。

图 10-45

图 10-46

单独选择"绿"通道，将曲线向上调节，可以增加图像中的绿色，如图10-47所示；将曲线向下调节，则可以减少图像中的绿色，如图10-48所示。

图 10-47

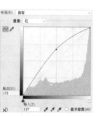

图 10-48

单独选择"蓝"通道，将曲线向上调节，可以增加图像中的蓝色，如图10-49所示；将曲线向下调节，则可以减少图像中的蓝色，如图10-50所示。

图 10-49

图 10-50

## 10.2.5 用通道抠图

使用通道抠取图像是一种非常主流的抠图方法，常用于抠取毛发、云朵、烟雾及半透明的婚纱等。通道抠图主要是利用图像的色相差别或明度差别来创建选区，在操作过程中可以多次重复使用"亮度/对比度""曲线"和"色阶"等调整命令，以及画笔、加深和减淡等工具对通道进行调整，以得到精确的选区。如图10-51所示，盛有冰块的水杯适合采用通道抠图的方法进行抠图，将水杯和冰块抠出来并更换背景后的效果如图10-52所示。

 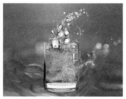

图 10-51 　　　　　　　图 10-52

<table>
<tr><td>10.3</td><td>扩展练习</td></tr>
</table>

本节安排了两个扩展练习供读者练习。通过练习，读者可以学会利用通道制作特殊的图像效果，以及利用通道抠取复杂图像等。

### 扩展练习：制作双重曝光图像

**实例位置** 实例文件 >CH10> 扩展练习：制作双重曝光图像 .jpg
**素材位置** 素材文件 >CH10> 白马 .jpg、沙漠 .jpg
**视频名称** 扩展练习：制作双重曝光图像 .mp4
**技术掌握** 在"通道"面板中复制、粘贴图像

本练习首先观察并选择合适的通道，然后复制图像，粘贴到通道中，得到双重曝光效果，如图10-53所示。

图 10-53

01 打开"素材文件 >CH10> 白马 .jpg"和"沙漠 .jpg"文件，如图 10-54 和图 10-55 所示。

图 10-54 　　　　　　　图 10-55

02 选择"白马"图像文件，按快捷键 Ctrl+A 全选图像，按快捷键 Ctrl+C 复制图像，然后切换到"沙漠"图像窗口中，选择"红"通道，按快捷键 Ctrl+V 粘贴图像，即可得到重叠的图像效果，如图 10-56 所示。

图 10-56

### 扩展练习：抠取复杂图像

**实例位置** 实例文件 >CH10> 扩展练习：抠取复杂图像 .psd
**素材位置** 素材文件 >CH10> 树枝 .jpg、天空 .jpg
**视频名称** 扩展练习：抠取复杂图像 .mp4
**技术掌握** 在通道中调整色调

本练习使用通道调整图像的色调，抠出树枝图像，再添加天空背景，效果如图10-57所示。

图 10-57

01 打开"素材文件 >CH10> 树枝 .jpg"文件，如图10-58所示，下面将图像中的树枝抠取出来。

图 10-58

02 单击"图层"面板底部的"创建调整图层"按钮，分别使用"反相""通道混合器"和"色阶"命令，得到调整图层，如图 10-59 所示，图像效果如图 10-60 所示。

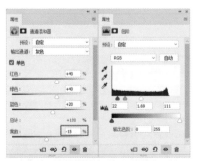

图 10-59

图 10-60

03 切换到"通道"面板中，按住 Ctrl 键单击 RGB 通道，载入图像选区，将树枝图像全部选中，如图 10-61 所示。

图 10-61

04 按住 Alt 键，在"图层"面板中双击"背景"图层，将其转换为普通图层，然后单击"添加图层蒙版"按钮 ◘ 添加图层蒙版，得到白色树枝图像，如图 10-62 所示。

图 10-62

05 隐藏其他图层，打开"素材文件 >CH10> 天空 .psd"文件，使用"移动工具" ⊕ 将其拖曳到树枝图像中，并放到底层，适当调整图像大小，使其布满整个画面，如图 10-63 所示。

图 10-63

第 11 章

# 滤镜

## 本章导读

Photoshop 中的滤镜是一种插件模块，使用滤镜可
以改变图像像素的位置和颜色，从而产生各种特殊的
图像效果。

## 本章学习任务

滤镜的使用原则与相关技巧
液化滤镜的用法
智能滤镜的用法

## 11.1 认识滤镜与滤镜库

★ 指导学时：50分钟

滤镜是Photoshop的重要功能，主要用来制作各种特殊效果。滤镜的功能非常强大，不仅可以调整照片，而且可以创作出绚丽无比的创意图像，如图11-1和图11-2所示。

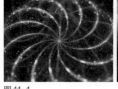
图11-1

图11-2

> 💡 小提示
>
> 使用滤镜时，只需要从滤镜菜单中选择理想的滤镜，然后适当调节参数即可。通常情况下，滤镜需要配合通道和图层等一起使用，才能获得较好的艺术效果。

Photoshop提供了很多滤镜，这些滤镜都放在"滤镜"菜单中。同时，Photoshop还支持第三方开发商提供增效工具，安装这些增效工具后，滤镜会出现在"滤镜"菜单的底部，其使用方法与Photoshop自带滤镜相同。

### 11.1.1 随学随练：制作咖啡搅拌特效

实例位置　实例文件 >CH11> 随学随练：制作咖啡搅拌特效 .psd
素材位置　素材文件 >CH11> 咖啡杯 .jpg
视频名称　制作咖啡搅拌特效 .mp4
技术掌握　旋转扭曲、水波、波纹等滤镜的使用方法

本案例主要结合多个普通滤镜的使用方法进行练习，制作出旋转扭曲的液体搅拌效果，如图11-3所示。

图11-3

01 打开"素材文件 >CH11> 咖啡杯 .jpg"文件，选择"椭圆选框工具" ⭕，在咖啡杯口绘制一个椭圆形选区，如图11-4所示。

图11-4

02 选择"选择 > 修改 > 羽化"菜单命令，打开"羽化选区"对话框，设置"羽化半径"为2像素，如图 11-5 所示，即可得到羽化选区。

图11-5

03 新建"图层1"。选择"渐变工具" ▣，单击选项栏左上方的渐变色条，打开"渐变编辑器"对话框，设置渐变颜色为从咖啡色（R:78，G:45，B:6）到黑色，如图11-6所示。

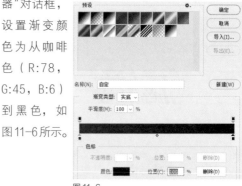
图11-6

04 在选项栏中选择填充方式为"线性渐变"，在选区中从左下方到右上方拖曳鼠标，得到渐变填充效果，如图 11-7 所示。

图11-7

05 新建"图层2"，设置前景色为白色。选择"画笔工具" ✐，在选项栏中设置画笔样式为"柔

边圆"，适当调整画笔大小，在咖啡中绘制出几条白色粗线，如图 11-8 所示。

图 11-8

06 按住 Ctrl 键单击"图层 1"，载入圆形图像选区，选择"滤镜＞扭曲＞旋转扭曲"菜单命令，打开"旋转扭曲"对话框，设置"角度"为 380 度，如图 11-9 所示。单击"确定"按钮，得到图像旋转效果，如图 11-10 所示。

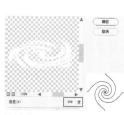
图 11-9

图 11-10

07 保持选区状态，选择"滤镜＞扭曲＞水波"菜单命令，打开"水波"对话框，设置"数量"为 18、"起伏"为 7，然后在"样式"下拉列表中选择"水池波纹"选项，如图 11-11 所示。

08 单击"确定"按钮，得到水波图像，按快捷键 Ctrl+D 取消选区，如图 11-12 所示。

图 11-11

图 11-12

09 选择"滤镜＞扭曲＞波浪"菜单命令，打开"波浪"对话框，选择"正弦"和"折回"选项，再分别设置其他参数，如图 11-13 所示。单击"确定"按钮，得到波浪图像，如图 11-14 所示。

10 选择"椭圆选框工具"，在咖啡图像周围绘制一个较大的圆形选区，如图 11-15 所示。

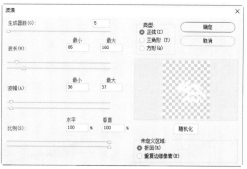
图 11-13

图 11-14

图 11-15

11 选择"滤镜＞扭曲＞旋转扭曲"菜单命令，打开"旋转扭曲"对话框，拖曳"角度"下方的三角形滑块设置合适的旋转参数，如图 11-16 所示。

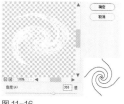
图 11-16

12 单击"确定"按钮，得到旋转扭曲图像效果。按快捷键 Ctrl+T 适当缩小图像，使其符合咖啡图像大小，如图 11-17 所示。

13 选择"橡皮擦工具"，适当对咖啡边缘的图像进行擦除。在"图层"面板中设置图层混合模式为"柔光"，得到的图像效果如图 11-18 所示。

图 11-17　　　　　　　图 11-18

14 新建一个图层，选择"钢笔工具" ⌀ ，在咖啡
图像中绘制出高光图像路径，如图 11-19 所示。

15 按快捷键 Ctrl+Enter 将路径转换为选区，填
充为白色，如图 11-20 所示。

图 11-19　　　　　　　图 11-20

16 在"图层"面板中
设置该图层的"不透
明度"为 40%，效果如
图 11-21 所示。

图 11-21

## 11.1.2 Photoshop 中的滤镜

Photoshop 中的滤镜有 100 余种，其中"滤镜
库""镜头校正""消失点"等滤镜属于特殊滤
镜，"风格化""模糊""扭曲""锐化""视
频""像素化""渲染""杂色""其他"等滤

镜属于滤镜组，如果安装了外挂滤镜，"滤镜"
菜单的底部会显示出来，如图 11-22 所示。

图 11-22

从功能上可以将滤镜分为三大类，分别是修
改类滤镜、创造类滤镜和复合类滤镜。修改类滤
镜主要用于调整图像的外观，如"画笔描边"滤
镜、"扭曲"滤镜和"像素化"滤镜等；创造类
滤镜可以脱离原始图像进行操作，如"云彩"滤
镜；复合滤镜与前两种差别较大，它包含自己独
特的工具，如"液化"滤镜等。

> 💡 小提示
>
> 为图像添加滤镜的方法很简单。
> 例如，要为图 11-23 添加一个
> "染色玻璃"滤镜，可以选择
> "滤镜 > 滤镜库"菜单命令，
> 打开"滤镜库"对话框，然后
> 在"纹理"滤镜组下选择"染
> 色玻璃"，适当调节参数即可，
> 如图 11-24 所示。
>
> 图 11-23
>
>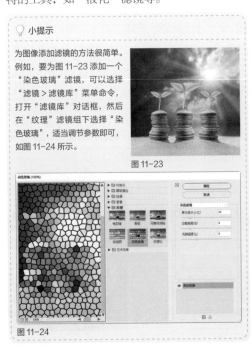
>
> 图 11-24

### 11.1.3 滤镜库对话框

"滤镜库"对话框是一个集合了大部分常用滤镜的对话框，如图11-25所示。在滤镜库中，可以对一张图像应用一个或多个滤镜，或对同一图像多次应用同一个滤镜，还可以使用其他滤镜替换原有的滤镜。

展开滤镜组　折叠滤镜组　显示/隐藏滤镜缩览图

滤镜库下拉列表

参数设置面板

当前使用的滤镜

当前选择的滤镜

缩放预览窗口　效果预览窗口　新建效果图层　删除效果图层

图 11-25

**"滤镜库"对话框选项介绍**

● **效果预览窗口**：用来预览应用滤镜后的效果。

● **当前使用的滤镜**：处于灰底状态的滤镜表示正在使用的滤镜。

● **缩放预览窗口**：单击 按钮，可以缩小预览窗口的显示比例；单击 按钮，可以放大预览窗口的显示比例。此外，还可以在缩放列表中选择预设的缩放比例。

● **显示/隐藏滤镜**：单击该按钮，可以隐藏中间的滤镜库命令，以增大预览窗口。再次单击该按钮，可以显示滤镜库命令。

● **参数设置面板**：单击滤镜组中的一个滤镜，可以将该滤镜应用于图像，同时在参数设置面板中会显示该滤镜的参数选项。

● **新建效果图层**：单击该按钮，可以新建一个效果图层，在该图层中可以应用一个滤镜。

● **删除效果图层**：选择一个效果图层以后，单击该按钮可以将其删除。

💡 **小提示**

滤镜库中只包含一部分滤镜，如"模糊"滤镜组和"锐化"滤镜组就不在滤镜库中。

### 11.1.4 滤镜的使用原则与技巧

在使用滤镜时，掌握了其使用原则和使用技巧，可以大大提高工作效率。下面是滤镜的11点使用原则与使用技巧。

● **第1点**：使用滤镜处理图层中的图像时，该图层必须是可见图层。

● **第2点**：如果图像中存在选区，则滤镜效果只应用在选区之内，如图11-26所示；如果没有选区，则滤镜效果将应用于整个图像，如图11-27所示。

图 11-26

图 11-27

● **第3点**：滤镜效果以像素为单位进行计算。因此，用相同参数处理不同分辨率的图像时，其效果也不一样。

- **第4点**：只有"云彩"滤镜可以应用在没有像素的区域，其余滤镜都必须应用在包含像素的区域（某些外挂滤镜除外）。

- **第5点**：滤镜可以用来处理图层蒙版、快速蒙版和通道。

- **第6点**：在CMYK颜色模式下，某些滤镜不可用；在索引和位图颜色模式下，所有的滤镜都不可用。如果要对CMYK图像、索引图像和位图应用滤镜，可以选择"图像>模式>RGB颜色"菜单命令，将图像模式转换为RGB颜色模式后，再应用滤镜。

- **第7点**：当应用完一个滤镜以后，"滤镜"菜单下的第1行会出现该滤镜的名称，如图11-28所示。选择该命令或按快捷键Ctrl+F，可以按照上一次应用该滤镜的参数设置再次对图像应用该滤镜。此外，按快捷键Alt+Ctrl+F可以打开该滤镜的对话框，对滤镜参数进行重新设置。

图11-28

- **第8点**：在任何一个滤镜对话框中按住Alt键，取消按钮都将变成复位按钮，如图11-29所示。单击复位按钮，可以将滤镜参数恢复到默认设置。

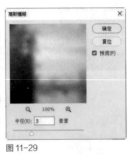

图11-29

- **第9点**：滤镜的顺序对滤镜的总体效果有明显的影响。

- **第10点**：在应用滤镜的过程中，如果要终止处理，可以按Esc键。

- **第11点**：在应用滤镜时，通常会弹出该滤镜的对话框或滤镜库，在预览窗口中可以预览滤镜效果，同时可以拖曳图像，以观察其他区域的效果，如图11-30所示。单击按钮和

按钮可以缩放图像的显示比例。此外，在图像的某个点上单击，预览窗口中就会显示出该区域的效果，如图11-31所示。

图11-30

图11-31

### 11.1.5 如何提高滤镜性能

在应用某些滤镜（如"铭黄渐变"和"光照效果"等滤镜）时，会占用大量的内存，特别是处理高分辨率的图像时，Photoshop的处理速度会更慢。遇到这种情况时，可以尝试使用以下3种方法来提高处理速度。

- **第1种**：关闭多余的应用程序。

- **第2种**：在应用滤镜之前先选择"编辑>清理"菜单下的命令，释放出部分内存。

- **第3种**：将计算机内存多分配给Photoshop一些。选择"编辑>首选项>性能"菜单命令，打开"首选项"对话框，然后在"内存使用情况"选项组下将Photoshop的内容使用量设置得高一些，如图11-32所示。

图11-32

## 11.2 特殊滤镜的应用

★ 指导学时：50 分钟

　　Photoshop 中的特殊滤镜位于"滤镜"菜单上方，选择命令后将打开相应的对话框。下面分别介绍这几种滤镜的使用方法。

### 11.2.1 随学随练：使用液化滤镜修出完美身材

| | |
|---|---|
| 实例位置 | 实例文件 >CH11> 随学随练：使用液化滤镜修出完美身材 .psd |
| 素材位置 | 素材文件 >CH11> 模特 .jpg |
| 视频名称 | 使用液化滤镜修出完美身材 .mp4 |
| 技术掌握 | 液化滤镜的使用方法 |

　　本案例主要针对液化滤镜的使用方法进行练习，使用液化滤镜修饰人物腰部、手臂和大腿，修出完美身材，如图 11-33 所示。

图 11-33

**01** 打开"素材文件 >CH11> 模特 .jpg"文件，如图 11-34 所示，通过观察可以发现，人物的手臂和大腿都不够完美，下面将对其进行修饰。

图 11-34

**02** 按快捷键 Ctrl+J 复制一次背景图层，然后选择"滤镜 > 液化"菜单命令，打开"液化"对话框，

选择"向前变形工具" 在右侧的"画笔工具选项"中设置各项参数，设置"大小"为 60、"密度"为 50、"压力"为 5，如图 11-35 所示。

图 11-35

**03** 使用"向前变形工具" 在人物左侧腰部按住鼠标向内拖曳，使左侧腰部变瘦，效果如图 11-36 所示。

图 11-36

> 💡 **小提示**
>
> 在调整的过程中，可以按 [ 键和 ] 键来调节画笔的大小。

**04** 对人物的右侧腰部做适当的调整，然后调整画笔大小，对人物手臂和大腿做向内收缩操作，如图 11-37 和图 11-38 所示。

图 11-37

图 11-38

**05** 选择"膨胀工具"，设置"大小"为 35、"压力"为 1、"密度"和"速率"均为 5，然后在人物胸部图像中按住鼠标左键拖曳，反复操作几次后，得到修饰胸部图像的效果，如图 11-39 所示。

图 11-39

图 11-40

**07** 新建一个"曲线"调整图层，然后将曲线向上调整到如图 11-41 所示的位置，增加图像的亮度。

图 11-41

💡 **小提示**

注意，"膨胀工具"类似于"喷枪"，单击时间越长（松开鼠标的时间），对图像局部的影响就越大，所以用该工具放大图像的时间需要适可而止。

**06** 单击"确定"按钮，得到液化后的图像，效果如图 11-40 所示。

**08** 选择"图层 1"，按快捷键 Ctrl+J 复制一次图层。选择"减淡工具"，在选项栏中设置"范围"为"中间调"，对人物的皮肤进行涂抹，得到减淡效果，如图 11-42 所示。

图 11-42

09 在"图层"面板中选择顶部图层，按快捷键 Shift+Ctrl+Alt+E 盖印图层，选择"滤镜 > 模糊 > 高斯模糊"菜单命令，打开"高斯模糊"对话框，设置"半径"为 3 像素，如图 11-43 所示。

图 11-43

10 在"图层"面板中设置"混合模式"为"叠加"，"不透明度"为 40%，最终效果如图 11-44 所示。

图 11-44

## 11.2.2 液化滤镜

"液化"滤镜是修饰图像和创建艺术效果的工具，其使用方法比较简单，但功能却相当强大，可以创建推、拉、旋转、扭曲和收缩等变形效果，并且可以修改图像的任何区域（"液化"滤镜只能应用于8位/通道或16位/通道的图像）。选择"滤镜>液化"菜单命令，打开"液化"对话框，如图11-45所示。

顺时针旋转扭曲工具
向前变形工具
重建工具
平滑工具
褶皱工具
膨胀工具
左推工具
脸部工具
抓手工具
缩放工具

解冻蒙版工具
冻结蒙版工具
图 11-45

> 💡 小提示
>
> 由于"液化"滤镜支持硬件加速功能，因此如果没有在首选项中开启"使用图形处理器"选项，Photoshop 会弹出一个"液化"提醒对话框，如图 11-46 所示，提醒用户是否需要开启"使用图形处理器"选项，单击"确定"按钮可以继续应用"液化"滤镜。
>
>
>
> 图 11-46

### "液化"对话框选项介绍

● 向前变形工具 ：使用该工具可以向前推动像素，如图11-47 所示。

图 11-47

● **重建工具** 🔳：用于恢复变形的图像。在变形区域单击或拖曳鼠标进行涂抹时，可以使变形区域的图像恢复到原来的效果，如图11-48所示。

图 11-48

● **褶皱工具** 🔳：可以使像素向画笔区域的中心移动，使图像产生内缩效果，如图11-49所示。

图 11-49

● **膨胀工具** 🔳：可以使像素向画笔区域中心以外的方向移动，使图像产生向外膨胀的效果，如图11-50所示。

图 11-50

● **左推工具** 🔳：当向上拖曳鼠标时，像素会向左移动，如图11-51所示；当向下拖曳鼠标时，像素向右移动，如图11-52所示；按住Alt键向上拖曳鼠标时，像素会向右移动；按住Alt键向下拖曳鼠标时，像素会向左移动。

图 11-51　　　　　　　　　图 11-52

● **抓手工具** 🔳**/缩放工具** 🔳：这两个工具的使用方法与"工具箱"中的相应工具完全相同。

● **画笔工具选项**：该选项组下的参数主要用来设置当前使用工具的各种属性。

● **大小**：用来设置扭曲图像的画笔的大小。

● **压力**：控制画笔在图像上产生扭曲的速度。

● **密度**：控制画笔在图像中拖曳时的扭曲程度。

● **光笔压力**：当计算机配有压感笔或数位板时，勾选该选项可以通过压感笔的压力来控制工具。

● **画笔重建选项**：该选项组下的参数主要用来设置重建方式。

● 恢复全部(A) ：单击该按钮，可以取消所有的变形效果。

### 11.2.3 消失点滤镜

"消失点"滤镜可以在包含透视平面（如建筑物的侧面、墙壁、地面或任何矩形对象）的图像中进行透视校正操作。在修饰、仿制、复制、粘贴或移去图像内容时，Photoshop可以准确确定这些操作的方向。选择"滤镜>消失点"命令，打开"消失点"对话框，如图11-53所示。

图 11-53

**"消失点"对话框主要工具介绍**

● **编辑平面工具** ⬉：用于选择、编辑、移动平面的节点及调整平面的大小。

● **创建平面工具** ⊞：用于定义透视平面的4个角节点。创建好4个角节点以后，可以使用该工具对节点进行移动、缩放等操作。如果按住Ctrl键拖曳边节点，可以拉出一个垂直平面。如果节点的位置不正确，可以按BackSpace键删除该节点。

● **选框工具** □：使用该工具可以在创建好的透视平面上绘制选区，以选中平面上的某个区域。建立选区以后，将鼠标指针放置在选区内，按住Alt键拖曳选区，可以复制图像；按住Ctrl键拖曳选区，则可以用源图像填充该区域。

● **图章工具** ♣：使用该工具时，按住Alt键在透视平面内单击，可以设置取样点，然后在其他区域拖曳鼠标即可进行仿制操作。

● **画笔工具** ✐：该工具主要用来在透视平面上绘制选定的颜色。

● **变换工具** ▣：该工具主要用来变换选区，其作用相当于"编辑>自由变换"命令。

● **吸管工具** ✐：可以使用该工具在图像上拾取颜色，以用作"画笔工具" ✐ 的绘画颜色。

● **标尺工具** ＝：使用该工具可以在透视平面中测量项目的距离和角度。

● **抓手工具** ✋/**缩放工具** 🔍：这两个工具的使用方法与"工具箱"中的相应工具完全相同。

### 11.2.4 镜头矫正

使用"镜头校正"滤镜可以修复常见的镜头瑕疵，如桶形失真、枕形失真、晕影和色差等，也可以使用该滤镜来旋转图像，或修复由于相机在垂直或水平方向上倾斜而导致的图像透视错误现象（该滤镜只能处理8位/通道和16位/通道的图像）。选择"滤镜>镜头校正"命令，打开"镜头校正"对话框，如图11-54所示。

图 11-54

**"镜头校正"对话框工具介绍**

● **移去扭曲工具** ▣：使用该工具可以校正镜头桶形失真或枕形失真。

● **拉直工具** ▤：绘制一条直线，以将图像拉直到新的横轴或纵轴。

● **移动网格工具** ▦：使用该工具可以移动网格，以将其与图像对齐。

● **抓手工具** ✋/**缩放工具** 🔍：这两个工具的使用方法与工具箱中的相应工具完全相同。

### 11.2.5 智能滤镜

应用于智能对象的任何滤镜都是智能滤镜，智能滤镜属于"非破坏性滤镜"。

由于智能滤镜的参数是可以调整的，因此可以调整智能滤镜的作用范围，或将其进行移除、隐藏等操作。打开一张图像，如图11-55所示。

图11-55

要使用智能滤镜，首先需要将普通图层转换为智能对象。在图层缩览图上单击鼠标右键，在弹出的菜单中选择"转换为智能对象"命令，如图11-56所示，即可将图层转换为智能对象。

图11-56

在"滤镜"菜单下选择一个滤镜命令，对智能对象应用智能滤镜，如图11-57所示。智能滤镜包含一个类似于图层样式的列表，可以隐藏、停用和删除滤镜，如图11-58和图11-59所示。

图11-57

图11-58　　　　　图11-59

此外，还可以像编辑图层蒙版一样用画笔编辑智能滤镜的蒙版，使滤镜只影响部分图像，如图11-60所示。同时，可以设置智能滤镜与图像的混合模式，双击滤镜名称右侧的图标，在弹出的"混合选项"对话框中调节滤镜的"模式"和"不透明度"，如图11-61和图11-62所示。

图11-60

图11-61

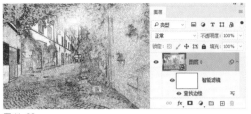

图 11-62

## 11.3 扩展练习

本章着重讲解了常用滤镜的使用方法，下面通过两个扩展练习进行巩固练习。

### 扩展练习：制作扭曲幻象时钟

实例位置　实例文件 >CH11> 扩展练习：制作扭曲幻象时钟 .psd
素材位置　素材文件 >CH11> 时钟 .jpg
视频名称　制作扭曲幻象时钟 .mp4
技术掌握　液化滤镜的用法

本练习运用"液化"滤镜将图像中的各种物件做适当的液化，然后添加渐变彩色图像，制作扭曲幻象时钟效果，如图11-63所示。

图 11-63

01 打开"素材文件 >CH11> 时钟 .jpg"文件，如图 11-64 所示。

图 11-64

02 选择"滤镜 > 液化"菜单命令，打开"液化"对话框，对图像进行液化处理，效果如图11-65 所示。

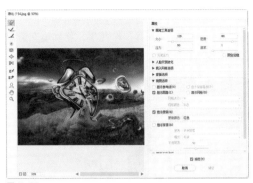

图 11-65

03 添加一个渐变填充图层，应用彩色渐变效果，并设置图层混合模式为"叠加"，效果如图 11-66 所示。

图 11-66

### 扩展练习：制作迷雾森林

实例位置　实例文件 >CH11> 扩展练习：制作迷雾森林 .psd
素材位置　素材文件 >CH11> 森林 .jpg
视频名称　制作迷雾森林 .mp4
技术掌握　"点状化"滤镜和"动感模糊"滤镜的用法

本练习讲解如何结合"点状化"滤镜和"动感模糊"滤镜的使用，制作出带有光束照射感的迷雾森林，如图11-67所示。

图 11-67

01 打开"素材文件 >CH11> 森林 .jpg"文件，如图 11-68 所示，新建一个图层，将其填充为白色，如图 11-69 所示。

图 11-68　　　　　　　图 11-69

02 选择"滤镜 > 像素化 > 点状化"菜单命令，打开"点状化"对话框，设置参数，如图 11-70 所示，然后对图像应用"阈值"调整颜色命令，如图 11-71 所示。

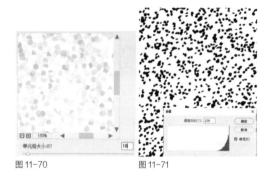

图 11-70　　　　　　　图 11-71

03 选择"滤镜 > 模糊 > 动感模糊"菜单命令，打开"动感模糊"对话框，设置"半径"参数，参数设置及图像效果如图 11-72 所示。

图 11-72

04 在"图层"面板中设置图层混合模式为"叠加"，再适当擦除多余的图像，最后降低图像的整体亮度，得到如图 11-73 所示的图像效果。

图 11-73

第 12 章

# 综合练习

## 本章导读

通过对前面章节的学习，相信读者已经掌握了 Photoshop 的核心功能和技术。本章将综合运用前面所学的知识进行平面设计的实战练习，包括电影海报、灯箱广告和网店首页设计等。

## 本章学习任务

海报版面素材的排列

灵活处理文字和图片

图像材质和体积感的表现

灵活布置网店首页页面的版式

# 12.1 制作电影院活动海报

★ 指导学时：25分钟

| 实例位置 | 实例文件 >CH12> 制作电影院活动海报 .psd |
|---|---|
| 素材位置 | 素材文件 >CH12> 椅子 .psd、舞台 .jpg、文字 .psd、卡通 .psd、黄色 .psd |
| 视频名称 | 制作电影院活动海报 .mp4 |
| 技术掌握 | 图层样式的运用、文字工具的用法 |

本案例将在图像中添加各种素材图像，然后为文字绘制外轮廓图像，并为其添加投影样式，制作出电影院的活动海报，案例最终效果如图12-1所示。

图12-1

01 按快捷键 Ctrl+N 打开"新建文档"对话框，设置文件名称为"电影院活动海报"，宽度和高度分别为 60 厘米和 90 厘米，如图 12-2 所示，单击 创建 按钮，得到一个空白图像文件。

图12-2

02 打开"素材文件 >CH12> 椅子 .psd、舞台 .jpg"文件，使用"移动工具" ⊕ 分别将其拖曳到当前编辑的图像中，参照如图 12-3 所示的样式排列图像。

图12-3

03 选择"吸管工具" ⚲，单击椅子下方的红色图像，吸取该图像的颜色，如图 12-4 所示，然后在"图层"面板中选择背景图层，按快捷键 Alt+Delete 填充背景，如图 12-5 所示。

图12-4　　　　　　　　图12-5

04 打开"素材文件 >CH12> 文字 .psd"文件，使用"移动工具" ⊕ 将其拖曳到当前编辑的图像中，适当调整文字大小，放到画面上方，如图 12-6 所示。

图12-6

05 使用"横排文字工具" T 在文字上方输入文字"陪我一起"，然后在选项栏中设置字体为"方正剪纸简体"，分别调整文字颜色为洋红色（R:255，G:64，B:142）和蓝色（R:62，G:187，B:207），如图 12-7 所示。

图12-7

06 使用"钢笔工具" ⌀ 在文字周围绘制出外轮廓路径，如图 12-8 所示，按快捷键 Ctrl+Enter 将路径转换为选区，新建一个图层，并将其放到文字图层下方，将选区填充为白色，效果如图 12-9 所示。

图12-8　　　　　　　　图12-9

**07** 选择"图层 > 图层样式 > 投影"菜单命令，打开"图层样式"对话框，设置投影颜色为灰色，再设置其他参数，如图 12-10 所示。单击"确定"按钮，得到投影效果，如图 12-11 所示。

图 12-15　　　　　　　　图 12-16

图 12-10　　　　　　图 12-11

**13** 选择"椭圆选框工具" ，在白色矩形右侧绘制椭圆选区，按 Delete 键删除选区中的图像，然后移动选区，做相同的删除操作，如图 12-17 所示。

**08** 选择"矩形选框工具" ，单击选项栏中的"添加到选区"按钮 ，然后在文字左下方和右上方分别绘制两个 90° 转角图形，填充颜色为黑色，并为其添加投影，如图 12-12 所示。

**14** 将椭圆选区移动到白色矩形的左侧，删除图像，多次操作后得到如图 12-18 所示的图像效果。

**09** 打开"素材文件 >CH12> 黄色 .psd"文件，使用"移动工具" 将其拖曳到当前编辑的图像中，放到文字"看"的笔画中间，如图 12-13 所示。

图 12-17　　　　　　　　图 12-18

图 12-12　　　　　　图 12-13

**15** 选择"图层 > 图层样式 > 投影"菜单命令，打开"图层样式"对话框，设置投影为深红色（R:72, G:1, B:13），然后设置其他参数，如图 12-19 所示。单击"确定"按钮，得到投影效果，如图 12-20 所示。

**10** 使用"多边形套索工具" 在黄色图像中绘制一个三角形选区，填充颜色为黑色，如图 12-14 所示。

图 12-19

图 12-14

**11** 打开"素材文件 >CH12> 卡通 .psd"文件，使用"移动工具" 将其拖曳到当前编辑的图像中，放到文字下方，如图 12-15 所示。

**12** 新建一个图层，选择"矩形选框工具" ，在画面下方绘制一个矩形选区，填充颜色为白色，如图 12-16 所示。

图 12-20

⑯ 使用"横排文字工具" ，在白色图像中输入文字，在选项栏中设置字体为"汉真广标"，分别填充颜色为洋红色（R:255，G:64，B:142）和深红色（R:48，G:16，B:16），如图12-21所示。

⑰ 下面再输入其他广告活动文字，在选项栏中设置字体为"黑体"，分别填充颜色为白色和洋红色（R:255，G:64，B:142），排列成如图12-22所示的样式。

图12-21

图12-22

⑱ 新建一个图层，选择"多边形套索工具" ，在文字两侧绘制出三角形选区，填充颜色为白色，然后为其添加"投影"图层样式，如图12-23所示。

图12-23

## 12.2 制作恭贺新年灯箱广告

★ 指导学时：40分钟

| 实例位置 | 实例文件 >CH12> 制作恭贺新年灯箱广告 .psd |
|---|---|
| 素材位置 | 素材文件 >CH12> 天空 .jpg、绸缎 .psd、城市 .jpg、礼花 .psd、黑底文字 .psd、光点 .psd、新年快乐 .psd、站台 .jpg |
| 视频名称 | 制作恭贺新年灯箱广告 .mp4 |
| 技术掌握 | 移动和复制图像的方法、橡皮擦工具的用法 |

　　本案例将制作一个新年灯箱广告。广告主要以紫色为背景，并添加了城市、礼花等素材图像，再通过为文字添加特殊的样式，整体体现出了节日的热闹气氛，案例最终效果如图12-24所示。

图12-24

① 选择"文件 > 新建"菜单命令，打开"新建文档"对话框，设置文件名称为"恭贺新年灯箱广告"，宽度和高度为120 厘米 ×160 厘米，其他参数设置如图 12-25 所示。

图12-25

② 填充背景为深蓝色（R:7，G:3，B:47），选择"椭圆选框工具" ，在画面底部绘制一个圆形选区，并将其向下移动，只显示半个选区，如图 12-26 所示。

图12-26

③ 选择"选择 > 修改 > 羽化"菜单命令，打开"羽

化选区"对话框，设置"羽化半径"为 100 像素，得到羽化选区，如图 12-27 所示。

图 12-27

04 设置前景色为淡紫色（R:252,G:235,B:243），按快捷键 Alt+Delete 填充选区，如图 12-28 所示。

05 设置前景色为紫色（R:132，G:70，B:195），选择"画笔工具"，在半圆形图像上半部分进行涂抹，得到渐变色效果，如图 12-29 所示。

图 12-28　　　　　　　　图 12-29

06 打开"素材文件>CH12>天空.jpg"文件，使用"移动工具"将其拖曳到当前编辑的图像中，放到画面上方，如图 12-30 所示。使用"橡皮擦工具"适当擦除部分图像，效果如图 12-31 所示。

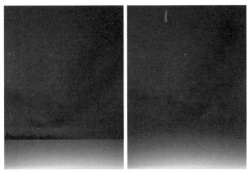

图 12-30　　　　　　　　图 12-31

07 打开"素材文件>CH12>绸缎.psd、城市.jpg"文件，使用"移动工具"分别将其拖曳到当前编辑的图像中，放到画面上下两处，如图 12-32 所示。

08 选择"城市"图像所在的图层，使用"橡皮擦工具"擦除部分图像，如图 12-33 所示。

图 12-32　　　　　　　　图 12-33

09 打开"素材文件>CH12>礼花.psd"文件，使用"移动工具"分别将各种礼花图像拖曳到当前编辑的图像中，参照如图 12-34 所示的效果排列。

图 12-34

10 新建一个图层，选择"画笔工具"，单击选项栏左侧的按钮打开"画笔设置"面板，选择画笔样式为"柔边圆"，设置"大小"和"间距"参数，如图 12-35 所示。分别选择"形状动态"和"散布"选项，设置选项参数，如图 12-36 和图 12-37 所示。

图 12-35

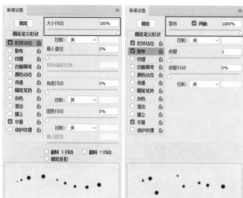

**图 12-36**　　　　　　　**图 12-37**

11 设置前景色为白色，使用设置好的画笔在图像中绘制出满天繁星的效果，如图 12-38 所示。

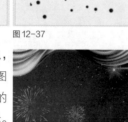

**图 12-38**

12 新建一个图层，选择"画笔工具" ，在选项栏中设置"不透明度"为 30%，打开"画笔设置"面板，选择画笔样式为"柔边圆"，并取消"形状动态"和"散布"选项，分别设置前景色为蓝色（R:49，G:162，B:194）和紫红色（R:102，G:30，B:127），在烟花图像周围绘制出柔和的颜色团，如图 12-39 所示。

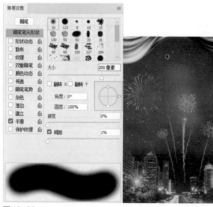

**图 12-39**

13 打开"素材文件 >CH12> 黑底文字 .psd"文件，如图 12-40 所示。使用"移动工具" ，将文字"2020"拖曳到当前编辑的图像中，放到画面上方，如图 12-41 所示。

**图 12-40**　　　　　　　**图 12-41**

14 选择"图层 > 图层样式 > 颜色叠加"菜单命令，打开"图层样式"对话框，设置颜色为白色，如图 12-42 所示。选择"外发光"样式，设置外发光颜色为蓝色（R:2，G:210，B:255），如图 12-43 所示。

**图 12-42**

**图 12-43**

15 单击"确定"按钮，得到添加图层样式后的文字效果，如图 12-44 所示。

16 将该文字图层复制两份，得到重叠效果，以加强文字发光效果，如图 12-45 所示。

图 12-44       图 12-45

图 12-49       图 12-50

17 将"黑底文字 .psd"素材图像中的其他文字拖曳过来,同样添加图层样式,并设置不同的外发光颜色,完成后可以复制两次文字对象,并适当向上下或向左右略微移动文字的位置,效果如图 12-46 所示。

18 打开"素材文件 >CH12> 光点 .psd"文件,使用"移动工具" ⊕ 将光图像拖曳到当前编辑的图像中,分别放到文字中,如图 12-47所示。

21 按快捷键 Alt+Ctrl+Shift+E 盖印图层,然后打开"素材文件 >CH12> 站台 .jpg"文件,将盖印图层得到的图像拖曳到站台图像中,接着按快捷键 Ctrl+T,图像四周出现变换框,按住 Ctrl 键分别调整 4 个角,使其与灯箱贴合,如图 12-51 所示,最后按 Enter 键确定。

图 12-46       图 12-47

图 12-51

19 打开"素材文件 >CH12> 新年快乐 .psd"文件,使用"移动工具" ⊕ 将其拖曳到当前编辑的图像中,放到画面左上方,如图12-48 所示。

图 12-48

## 12.3 制作 UI 图标

★ 指导学时:30分钟

**实例位置** 实例文件 >CH12> 制作 UI 图标 .psd
**素材位置** 无
**视频名称** 制作 UI 图标 .mp4
**技术掌握** 图层样式的应用

20 选择"图层 > 图层样式 > 投影"菜单命令,打开"图层样式"对话框,设置投影为黑色,其他参数设置如图 12-49 所示。单击"确定"按钮,得到文字投影效果,如图 12-50 所示。

在设计一个图标之前,首先需要了解图标所针对的系统、要传递的信息和用户群,这些信息可以帮助设计师快速、高效地设计出图标,不会浪费过多的时间在修改图标上。本案例制作的是一个相机UI图标,案例效果如图12-52所示。

图 12-52

01 选择"文件>新建"菜单命令,打开"新建文档"对话框,设置文件名称为"UI 图标",宽度和高度分别为 1024 像素和 768 像素,其他参数设置如图 12-53 所示,单击 ■■■ 按钮,创建一个空白图像文件,将图像背景填充为灰色( R:81,G:82,B:86 ),如图 12-54 所示。

图 12-53                  图 12-54

02 选择"圆角矩形工具" ■,在选项栏中设置工具模式为"形状",单击"填充"右侧的色块,在弹出的面板中选择渐变色,并设置颜色为从浅蓝色( R:215,G:220,B:231 )到淡蓝色( R:242,G:244,B:248 ),设置"半径"为 40 像素,如图 12-55 所示。

图 12-55

03 设置好选项栏后,在图像中按住 Shift 键绘制一个渐变色圆角矩形,如图 12-56 所示。

图 12-56

04 选择"图层>图层样式>投影"菜单命令,打开"图层样式"对话框,设置投影为黑色,其他参数设置如图 12-57 所示,单击"确定"按钮得到投影效果,如图 12-58 所示。

图 12-57                  图 12-58

05 选择"椭圆工具" ■,在选项栏中设置工具模式为"形状",设置"填充"为渐变,颜色为从浅蓝色( R:199,G:205,B:217 )到白色,如图 12-59 所示,然后在圆角矩形中按住 Shift 键绘制出圆形,如图 12-60 所示。

图 12-59                  图 12-60

06 选择"椭圆工具" ■,在选项栏中设置渐变颜色为从蓝灰色( R:69,G:73,B:83 )到深蓝色( R:43,G:46,B:52 ),如图 12-61 所示,然后按住 Shift 键绘制一个较小的圆形,如图 12-62 所示。

图 12-61

图 12-62

**07** 这时"图层"面板中将得到多个形状图层，选择"椭圆 2"图层，按快捷键 Ctrl+J 复制一次图层，如图 12-63 所示，按快捷键 Ctrl+T 将出现变换框，按快捷键 Shift+Alt 向中心缩小图形，效果如图 12-64 所示。

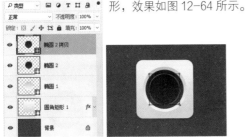

图 12-63　　　　图 12-64

**08** 下面为圆形加一些淡淡的白色投影。选择"图层>图层样式>投影"菜单命令，打开"图层样式"对话框，设置投影为白色，其他参数设置如图 12-65 所示，单击"确定"按钮得到图像投影效果，如图 12-66 所示。

图 12-65　　　　图 12-66

**09** 按快捷键 Ctrl+J 两次，复制出两个圆形对象，然后分别向中心缩小圆形，并适当调整渐变色的深浅，如图 12-67 所示。

图 12-67

**10** 再次复制并向中心缩小圆形，在选项栏中调整渐变颜色，并设置渐变方向为"径向"、参数为 90，如图 12-68 所示，填充后的图像效果如图 12-69 所示。

图 12-68　　　　图 12-69

**11** 选择"图层>图层样式>内阴影"菜单命令，打开"图层样式"对话框，设置阴影为白色，混合模式为"叠加"，其他参数设置如图 12-70 所示，单击"确定"按钮得到图像内阴影效果，如图 12-71 所示，最小的圆形周边显得更加柔和了。

图 12-70　　　　图 12-71

**12** 选择"自定形状工具"，在选项栏中设置填充颜色为白色，单击"形状"右侧的三角形按钮，在弹出的面板中选择"窄边圆"，如图 12-72 所示，然后在圆形中绘制出圆环图形，如图 12-73 所示。

图 12-72　　　　图 12-73

**13** 选择"图层>创建剪贴蒙版"菜单命令，创建出剪贴图层，然后设置图层混合模式为"叠加"、"不透明度"为 40%，得到较为透明的圆环图像效果，如图 12-74 所示。

图 12-74

**14** 选择"橡皮擦工具"，在选项栏中设置"不透明度"为 80%，对圆环两边的图像做适当的擦除，效果如图 12-75 所示。

图 12-75

⑮ 新建一个图层，按快捷键 Alt+Ctrl+G 创建剪贴图层，然后选择"画笔工具" ☑，设置前景色分别为蓝色和洋红色，在最小的圆形上下两处进行涂抹，得到彩色镜头效果，如图 12-76 所示。

图 12-76

⑯ 选择"椭圆工具" ◎，并在选项栏中设置渐变填充，颜色为从白色到透明到白色，如图 12-77 所示，然后在镜头内部绘制一个较小的圆形，进行渐变填充，如图 12-78 所示。

图 12-77　　　　图 12-78

⑰ 双击该形状图层，打开"图层样式"对话框，设置内发光颜色为白色，混合模式为"叠加"，其他参数设置如图 12-79 所示，单击"确定"按钮得到外发光效果，如图 12-80 所示。

图 12-79

图 12-80

⑱ 新建图层，并创建剪贴蒙版，使用天蓝色( R:1, G:243, B:237 )和洋红色（R:201, G:27, B:149）在镜头上下两处的彩色图像中涂抹，添加高光彩色效果，如图 12-81 所示。

⑲ 在镜头上下两处分别绘制两个椭圆形，并为其应用透明渐变填充，设置颜色为从白色到透明，并适当降低其透明度，最终效果如图 12-82 所示。

图 12-81　　　　　　　图 12-82

## 12.4　制作手机 App 版本升级界面

★ 指导学时：40分钟

| 实例位置 | 实例文件 >CH12> 制作手机 App 版本升级界面 .psd |
|---|---|
| 素材位置 | 素材文件>CH12>蓝色背景.jpg、立体图.psd、手机.jpg、光.psd、图标.psd |
| 视频名称 | 制作手机 App 版本升级界面.mp4 |
| 技术掌握 | 选框工具的运用、渐变色的设置与填充 |

　　本案例主要练习制作一个手机升级版本的App界面，制作好界面图后，将其放到一张手握手机图中，如图12-83所示。

图 12-83

① 打开"素材文件>CH12>蓝色背景.jpg"文件，然后新建一个图层，选择"套索工具" ◎，在图像底部手动绘制一个不规则选区，如图 12-84 所示。

图 12-84

02 设置前景色为深蓝色（R:15，G:85，B:232），按快捷键 Alt+Delete 填充选区，如图 12-85 所示。选择"橡皮擦工具" ，在选项栏中设置"不透明度"为 50%，对选区内左侧的图像做适当的擦除，如图 12-86 所示。

图 12-85　　　　　　　　　图 12-86

03 使用"套索工具" 绘制一个不规则选区，并填充颜色为蓝色（R:12，G:119，B:249），如图 12-87 所示。设置前景色为天蓝色（R:12，G:119，B:249），使用"画笔工具" 对选区顶部图像进行适当的涂抹，得到渐变色图像，效果如图 12-88 所示。

图 12-87　　　　　　　　　图 12-88

04 在蓝色背景图像边缘再绘制多个不规则选区，然后使用"渐变工具" 对其做渐变填充，设置颜色为不同深浅的蓝色，效果如图 12-89 所示。

05 选择"椭圆选框工具" ，在图像中绘制几个大小不同的圆形选区，并做蓝色渐变填充，如图 12-90 所示。

 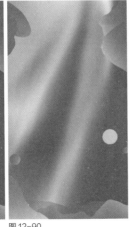

图 12-89　　　　　　　　　图 12-90

06 打开"素材文件 >CH12> 立体图 .psd"文件，调整大小后拖曳到适当位置，如图 12-91 所示。

07 使用"横排文字工具" 在图像中输入数字"3"，在选项栏中设置字体为较粗的黑体，如图 12-92 所示。

图 12-91　　　　　　　　　图 12-92

08 选择"图层 >图层样式 >图案叠加"菜单命令，打开"图层样式"对话框，单击"图案"右侧的三角形按钮，在弹出的面板中选择"旧版图案及其他"中的 "岩石图案"样式组，然后选择合适的图样，如图 12-93 所示。选择好图案样式后，设置"缩放"为 20%，如图 12-94 所示。

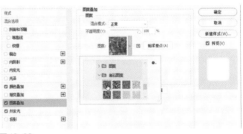

图 12-93

图 12-94

**09** 在对话框左侧选择"斜面和浮雕"样式，在"结构"选项组中设置样式为"内斜面"，在"阴影"选项组中设置混合模式分别为"颜色减淡"和"叠加"，颜色分别为白色和蓝色( R:30,G:109,B:222 )，具体参数设置如图 12-95 所示。

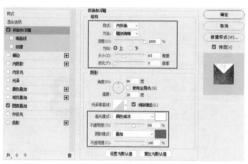

图 12-95

**10** 选择"颜色叠加"样式，设置混合模式为"叠加"，颜色为天蓝色（R:61，G:168，B:251），如图 12-96 所示。

图 12-96

**11** 选择"内阴影"样式，单击"等高线"右侧的三角形按钮，在弹出的面板中选择"高斯"样式，然后设置各项参数，如图 12-97 所示。

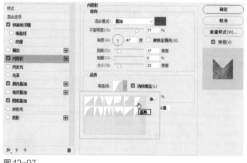

图 12-97

**12** 选择"投影"样式，设置投影为深蓝色，其他参数设置如图 12-98 所示，单击"确定"按钮，

得到立体文字效果，如图 12-99 所示。

**13** 打开"素材文件 >CH12> 光 .psd"文件，使用"移动工具" ⊞ 将其拖曳到当前编辑的图像中，放到数字图像中，效果如图 12-100 所示。

图 12-98

图 12-99　　　　　　图 12-100

**14** 使用"矩形选框工具" ⊡ 在界面顶部绘制一个矩形选区，作为显示信息条，将其填充为蓝色（R:33，G:246，B:218），如图 12-101 所示。

**15** 使用"椭圆选框工具" ⊙ 在信息条左侧绘制 3 个白色实心圆和两个白色描边圆形，然后输入时间和电量等文字，如图 12-102 所示。

图 12-101　　　　　　图 12-102

**16** 打开"素材文件 >CH12> 图标 .psd"文件，将图像分别拖曳过来，适当调整图像大小，放到信息条中，如图 12-103 所示。

图 12-103

**17** 选择"圆角矩形工具" ▢，在选项栏中设置工具模式为"形状"，填充颜色为白色，设置"半径"

为 50 像素，在界面下
方绘制一个白色圆角矩
形，如图 12-104 所示。

图 12-104

⑱ 选择 " 窗 口 > 样
式"菜单命令，打开"样
式"面板，单击面板右
上方的■按钮，在弹出
的菜单中选择"旧版样
式及其他"命令，如图
12-105 所示。

图 12-105

⑲ 在"样式"面板中将添加"旧版样式及其他"
样式组，展开该样式组，选择"Web 样式"中
的 "铬黄" 样式，得到的按钮效果如图 12-106
所示。

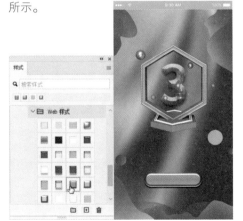

图 12-106

⑳ 在"图层"面板中设置该按钮所在图层的"填充"
为 20%，得到透明按钮图像，如图 12-107 所示。

㉑ 使用"横排文字工具" T.在按钮中和按钮上
方分别输入文字，并在选项栏中设置字体分别
为"黑体"和"粗黑简体"，填充颜色为白色，
如图 12-108 所示，完成界面的制作。

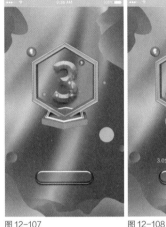

图 12-107          图 12-108

㉒ 按快捷键 Alt+Ctrl+
Shift 盖印图层。打开
"素材文件 >CH12> 手
机 .jpg" 文件，将盖
印好的界面图像拖曳过
来，并适当调整大小，
放到手机界面中，如图
12-109 所示。

图 12-109

㉓ 新建一个图层，选择"多边形套索工具" ，
在手机界面中绘制一个倒立的梯形选区，填充
颜色为白色，如图 12-110 所示。

㉔ 按快捷键 Ctrl+D 取消选区，并适当降低图层
的"不透明度"为 30%，如图 12-111 所示。

图 12-110          图 12-111

25 在"图层"面板中选择背景图层，然后单击"图层1"前面的眼睛图标，暂时隐藏该图层，接着使用"钢笔工具" ⬧沿着手指边缘绘制出路径，如图12-112所示。

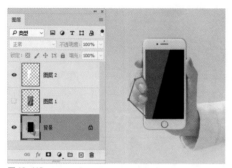
图12-112

26 按快捷键Ctrl+Enter将路径转换为选区，按快捷键Ctrl+J复制图层，将该图层放到"图层"面板顶部，并显示"图层1"，如图12-113所示。

图12-113

## 12.5 设计珠宝网店首页

★ 指导学时：60分钟

| 实例位置 | 实例文件 >CH12> 设计珠宝网店首页 .psd |
|---|---|
| 素材位置 | 素材文件 >CH12> 圆形 .psd、戒指 .psd、购物车 .psd、宝石戒指 .psd、首饰 .psd |
| 视频名称 | 设计珠宝网店首页 .mp4 |
| 技术掌握 | 版面布局设计 |

本案例制作的是一个珠宝店铺首页，整个画面设计为粉色调，非常柔和，最后为画面添加产品和文字，案例效果如图12-114所示。

图12-114

01 选择"文件 > 新建"命令，打开"新建文档"对话框，设置文件名称为"珠宝店铺首页"，宽度为1920像素，高度为5070像素，其他设置如图12-115所示，单击 按钮，即可得到一个图像文件。

图12-115

02 设置前景色为粉红色（R:252，G:235，B:243），按快捷键Alt+Delete填充背景，如图12-116所示。

图12-116

03 选择"椭圆工具" ⬤，在选项栏中设置工具模式为"形状"，设置填充颜色为粉红色（R:241，G:154，B:160），如图12-117所示，按住Shift键在图像中绘制一个圆形，如图12-118所示。

04 打开"素材文件>CH12>圆形.psd"文件，使用"移动工具"  将其拖曳到当前编辑的图像中，适当调整图像大小，放到圆形中间，如图 12-119 所示。

图 12-117

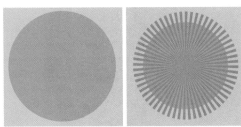

图 12-118　　图 12-119

05 这时"图层"面板中将自动添加一个图层，选择"图层 > 创建剪贴蒙版"命令，可以将超出底层圆形以外的图像隐藏起来，如图 12-120 所示。

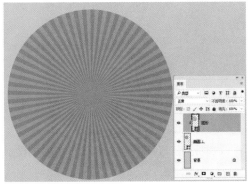

图 12-120

06 选择"圆形"图层，执行"图层 > 图层样式 > 外发光"命令，打开"图层样式"对话框，设置外发光颜色为白色，其他参数设置如图 12-121 所示，单击"确定"按钮得到添加图层样式后的图像效果，如图 12-122 所示。

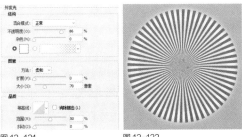

图 12-121　　图 12-122

07 选择"椭圆 1"和"圆形"图层，按快捷键 Ctrl+G 得到图层组，并将其重命名为"圆扇"，如图 12-123 所示，然后使用"移动工具"  将其放到画面左上方，如图 12-124 所示。

图 12-123　　　　　　　　图 12-124

08 按快捷键 Ctrl+J 复制一次"圆扇"图层组，并将其中的圆形修改为白色，然后放到画面右侧，如图 12-125 所示。

图 12-125

09 下面来绘制第一个板块的背景图像。选择"钢笔工具" ，在选项栏中选择工具模式为"形

状"，设置颜色为浅
粉色（R:254，G:237，
B:238），在画面中绘
制出顶部为曲线的图
形，如图12-126所示。

图 12-126

10 选择"图层>图层样式>投影"命令，打开"图层样式"对话框，设置投影为深红色（R:254,G:237, B:238），其他参数设置如图12-127所示。

图 12-127

11 选择"内发光"样式，设置内发光颜色为粉红色（R:252,G:206,B:209），混合模式为"溶解"，其他参数设置如图12-128所示。

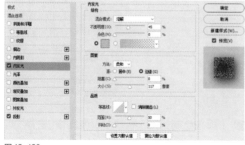

图 12-128

12 单击"确定"按钮，得到添加图层样式后的效果，如图12-129所示。

13 多次复制"圆扇"图层组，为其添加"投影"图层样式，并适当调整图像大小，放到画面中，图像效果如图12-130所示。

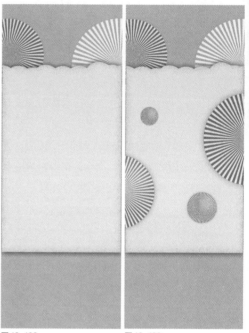

图 12-129　　　　　图 12-130

14 复制第一板块中的浅粉色图像，将复制的图像适当向下移动，并改变其颜色为较深一些的粉红色（R:255，G:208，B:211），如图12-131所示，得到第二板块图像。

15 再次复制"圆扇"图像，适当调整大小，放到第二板块图像中，如图12-132所示，完成背景图像的制作。

16 绘制首页广告图。新建一个图层，将其命名为"圆柱体"，然后使用"矩形选框工具"[矩]在画面顶部绘制一个矩形选区，如图12-133所示。

17 选择"渐变工具"[渐]，设置颜色为从粉红色（R:253，G:204，B:215）到浅粉色（R:255，G:236，B:242）到粉红色（R:246，G:200，B:213），然后在选区中从左到右应用线性渐变填充，如图12-134所示。

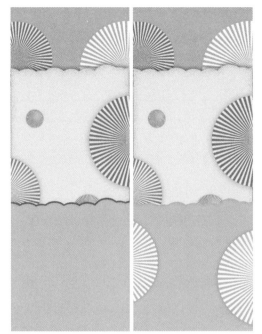

图 12-131　　　　　　　　图 12-132

图 12-133　　　　　　　　图 12-134

18 选择"椭圆选框工具" ⊙，在矩形上方绘制一个椭圆形，并为其应用线性渐变填充，设置颜色从左到右为粉红色（R:253，G:204，B:215）到浅粉色（R:255，G:236，B:242），如图 12-135 所示，得到圆柱体图像。

19 按住 Ctrl 键单击"圆柱体"图层，载入图像选区，然后新建一个图层，并将其放到"圆柱体"图层下方，填充颜色为黑色，效果如图 12-136 所示。

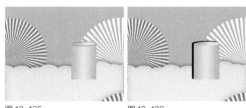

图 12-135　　　　　　　　图 12-136

20 在"图层"面板中设置图层混合模式为"柔光"、"不透明度"为 50%，得到圆柱体的投影效果，如图 12-137 所示。

21 选择圆柱体和投影图像所在的图层，按快捷键 Ctrl+J 复制一次图层，适当调整对象的高度，放到左侧，如图 12-138 所示。

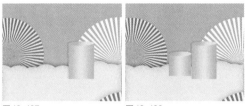

图 12-137　　　　　　　　图 12-138

22 新建一个图层，将其命名为"立方体"，选择"多边形套索工具" ☑，绘制 3 个不同的面，填充颜色为不同深浅的粉红色，如图 12-139 所示。

23 新建一个图层，将其放到"立方体"图层的下方，载入立方体的选区，填充颜色为黑色，然后设置图层混合模式为"柔光"、"不透明度"为 50%，得到立方体的投影效果，如图 12-140 所示。

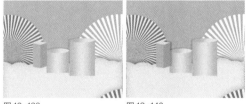

图 12-139　　　　　　　　图 12-140

24 在"图层"面板中调整两个圆柱体和立方体图像的图层顺序，将其放到第一板块的下一层，如图 12-141 所示。

25 打开"素材文件 >CH12> 戒指 .psd"文件，使用"移动工具" ⊕分别将两个首饰图像拖曳到当前编辑的图像中，如图 12-142 所示。

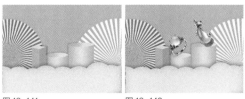

图 12-141　　　　　　　　图 12-142

26 使用"横排文字工具" T 在戒指图像上方输入文字，填充颜色为粉色（R:255，G:128，B:162），如图12-143所示。

图12-143

27 双击文字图层，打开"图层样式"对话框，选择"描边"样式，设置描边大小为2像素、颜色为白色，如图12-144所示。

图12-144

28 在"图层样式"对话框左侧选择"投影"样式，设置投影颜色为肉粉色（R:211，G:134，B:152），其他参数设置如图12-145所示。

图12-145

29 在"图层"面板中设置图层混合模式为"柔光"、"不透明度"为50%，得到圆柱体的投影效果，如图12-146所示。

30 输入两行文字，将其放到上下两处，并填充颜色为较深一些的红色（R:228，G:98，B:125），如图12-147所示。

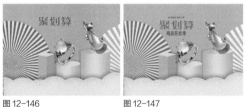

图12-146　　　　图12-147

31 绘制优惠券。新建一个图层，使用"矩形选框工具" 在图像中绘制一个矩形，填充颜色为红色（R:207，G:86，B:100），如图12-148所示。

32 选择"矩形工具" ，在选项栏中设置工具模式为"形状"，颜色为无，描边为浅红色（R:252，G:235，B:243），描边大小为1像素，然后在红色矩形中绘制一个较小的描边矩形，如图12-149所示。

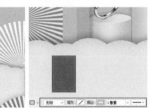

图12-148　　　　图12-149

33 选择"矩形选框工具" ，在描边矩形左上方绘制多个大小相同的细长矩形，将其填充为浅红色（R:252，G:235，B:243），如图12-150所示。

34 多次复制矩形和描边矩形，改变矩形颜色为粉红色（R:250，G:199，B:203），参照如图12-151所示的方式排列。

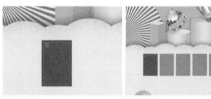

图12-150　　　　图12-151

35 使用"圆角矩形工具" 在几个较浅的粉色矩形中绘制圆角矩形，然后使用"横排文字工具" T 分别在矩形中输入文字，效果如图12-152所示。

36 选择"圆角矩形工具" ，在选项栏中设置工具模式为"形状"，填充颜色为粉红色（R:255，G:230，B:234），在优惠券下方绘制圆角矩形，如图12-153所示。

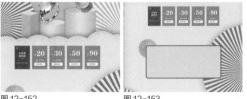

图12-152　　　　图12-153

**37** 选择"图层 > 图层样式 > 内发光"命令，打开"图层样式"对话框，设置内发光颜色为浅粉色（R:241，G:220，B:222），混合模式为"溶解"，其他参数设置如图 12-154 所示。

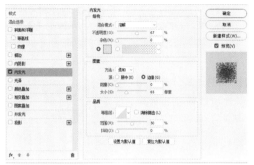

图 12-154

**38** 选择"光泽"样式，设置混合模式为"柔光"、颜色为白色，并选择"等高线样式"，如图 12-155 所示。

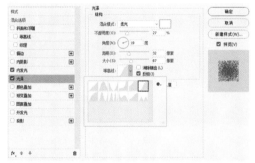

图 12-155

**39** 选择"投影"样式，设置混合模式为"叠加"、投影为黑色，其他参数设置如图 12-156 所示。

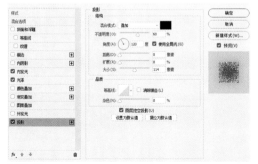

图 12-156

**40** 单击"确定"按钮，得到添加图层样式后的图像效果，如图 12-157 所示。

**41** 选择"横排文字工具" T，在圆角矩形中输入产品介绍文字，设置上面 3 行文字为黑体，填充颜色为灰色，价格文字的颜色为洋红色（R:254，G:115，B:124），如图 12-158 所示。

图 12-157　　　　　　　图 12-158

**42** 选择"椭圆选框工具" ○，在价格文字右侧绘制一个圆形选区，填充颜色为洋红色（R:254,G:115,B:124），然后输入文字，如图 12-159 所示。

**43** 打开"素材文件 >CH12> 购物车 .psd"文件，使用"移动工具" 🔁 将其拖曳到当前编辑的图像中，放到圆形文字上方，如图 12-160 所示。

图 12-159　　　　　　　图 12-160

**44** 打开"素材文件 >CH12> 宝石戒指 .psd"文件，使用"移动工具" 🔁 将其拖曳到当前编辑的图像中，放到圆角矩形左侧，如图 12-161 所示。

图 12-161

**45** 在板块中复制多个圆角矩形图像，适当调整图像间距和位置，然后分别在其中输入文字，参照如图 12-162 所示的样式排列。

**46** 打开"素材文件 >CH12> 首饰 .psd"文件，使用"移动工具" 🔁 将其拖曳到当前编辑的图像中，分别放到每一个圆角矩形中，如图 12-163 所示。

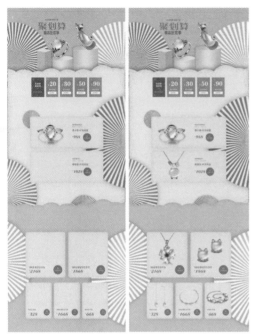

图 12-162　　　　　　　图 12-163

**47** 下面绘制每一个板块的分类标题。复制首页广告图中的圆扇图像，将其适当缩小，重叠放到优惠券下方，如图 12-164 所示。

图 12-164

**48** 选择"圆角矩形工具" ，在图像中绘制一个圆角矩形，将自动打开"属性"面板，设置颜色为粉红色（R:250，G:198，B:202），设置每个半角的参数，如图 12-165 所示，得到如图 12-166 所示的图像。

图 12-165

图 12-166

**49** 按快捷键 Ctrl+J 复制一次对象，改变颜色为洋红色（R:254，G:114，B:123），如图 12-167 所示。

**50** 使用"横排文字工具" 在圆角矩形中输入文字，在选项栏中设置字体为"黑体"，填充颜色为白色，如图 12-168 所示，完成分类标题的制作。

图 12-167

图 12-168

**51** 复制一次分类标题，将其放到第二板块中，并改变文字内容，如图 12-169 所示。

图 12-169

**52** 双击工具箱中的"抓手工具" ，显示全部图像，如图 12-170 所示。

图 12-170